愛蔵版《あいぞうばん》

ジュニア空《くう》想《そう》科《か》学《がく》読《どく》本《ほん》③

柳《やなぎ》田《た》理《り》科《か》雄《お》・著
藤嶋《ふじしま》マル・絵

汐文社《ちょうぶんしゃ》

「あれっ!?」は科学《かがく》の始《はじ》まりだ！

よく知《し》っているマンガやアニメを見《み》ていて、ときどき「あれっ!?」と思《おも》うことがある。『妖怪《ようかい》ウォッチ』のジバニャンは、ひゃくれつ肉球《にくきゅう》でトラックを倒《たお》そうとするけれど、あの小《ちい》さな体《からだ》で、そんなことができる？　ドラえもんはのび太《た》の家《いえ》で暮《く》らしているが、あんなにアタマが大《おお》きかったら、家族《かぞく》は困《こま》らない？『ポケモン』のロケット団《だん》は、ピカチュウの10万《まんボルト》Vの電撃《でんげき》を頻繁《ひんぱん》に浴《あ》びているけど、命《いのち》に別状《べつじょう》はないの？

そうした「あれっ!?」に出会《であ》ったとき、僕《ぼく》はちょっと立《た》ち止《ど》まって考《かんが》える。すると意外《いがい》に深《ふか》い森《もり》に迷《まよ》い込《こ》んで、長《なが》い時間《じかん》考《かんが》え込《こ》んだり、たくさんの計算《けいさん》をすることになったり……。やがて、予想《よそう》もしなかった広大《こうだい》な景色《けしき》が開《ひら》けることがある。そんなとき僕《ぼく》は「あの小《ちい》さな入口《いりぐち》から、こんなところまで来《き》たんだ！」と手《て》を打《う》って喜《よろこ》ぶ。

本書《ほんしょ》『ジュニア空想科学読本《くうそうかがくどくほん》③』を出《だ》すことが決《き》まったとき、僕《ぼく》は、素朴《そぼく》な「あれっ!?」から始《はじ》まって、予想外《よそうがい》の深《ふか》くて面白《おもしろ》い結論《けつろん》に至《いた》った研究《けんきゅう》をたくさん紹介《しょうかい》したいと思《おも》った。実《じつ》は、現実《げんじつ》の科学《かがく》も、誰《だれ》も気《き》にも留《と》めないような小《ちい》さな入口《いりぐち》から始《はじ》まることが多《おお》いからだ。

たとえば、ニュートンは「リンゴは落《お》ちるのに、なぜ月《つき》は落《お》ちてこないのだろう？」と考《かんが》えて、万有引力《ばんゆういんりょく》の法則《ほうそく》をはじめとする科学《かがく》の体系《たいけい》を打《う》ち立《た》てた。アインシュタインは「光《ひかり》の速《はや》さで走《はし》る列車《れっしゃ》で光《ひかり》を追《お》いかけたら、何《なに》が見《み》えるのだろう？」と想像《そうぞう》して、相対性理論《そうたいせいりろん》を築《きず》き上《あ》げた。

ニュートンがリンゴと月《つき》を比《くら》べ、アインシュタインが光速列車《こうそくれっしゃ》に思《おも》いを馳《は》せたその瞬間《しゅんかん》から、すでに彼《かれ》らの科学《かがく》は始《はじ》まっていたのだと思《おも》う。そこが、大発見《だいはっけん》への入口《いりぐち》だった。同《おな》じように、ひやくれつ肉球《にくきゅう》や、ドラえもんの体型《たいけい》について、あなたが「あれっ!?」と思《おも》った瞬間《しゅんかん》、あなたの科《か》学《がく》も発芽《はつが》しているのだ。水《みず》をやり、太陽《たいよう》の光《ひかり》を浴《あ》びさせれば、どんな大木《たいぼく》に育《そだ》つかわからない。

本書《ほんしょ》に収録《しゅうろく》した原稿《げんこう》31本《ぽん》は、そのほとんどが読者《どくしゃ》の質問《しつもん》から生《う》まれたものだ。つまり本書《ほんしょ》は、読者《どくしゃ》の心《こころ》に芽吹《めぶ》いた「あれっ!?」の芽《め》を、僕《ぼく》が科学《かがく》という水《みず》と光《ひかり》で育《そだ》てた木々《きぎ》の森《もり》。どんな芽《め》に、どのようにして水《みず》を撒《ま》き、光《ひかり》を当《あ》てれば、どこから枝《えだ》が出《で》て葉《は》が茂《しげ》っていくかを楽《たの》しんでください。

その作業《さぎょう》で僕《ぼく》が使《つか》った科学《かがく》の方法《ほうほう》は、およそ8割《わり》が高校《こうこう》までの理科《りか》で習《なら》ったものだ。学校《がっこう》の授《じゅ》業《ぎょう》というと「テストに合格《ごうかく》するための無味乾燥《むみかんそう》なもの」と感《かん》じている人《ひと》もいると思《おも》う。でも、学《がっ》校《こう》で習《なら》うことは、無数《むすう》の学者《がくしゃ》たちが研究《けんきゅう》してきた成果《せいか》の集大成《しゅうたいせい》で、このように僕《ぼく》らのワクワクドキドキを大《おお》きく育《そだ》ててくれる力《ちから》を持《も》っている。そうでなかったら、誰《だれ》も研究《けんきゅう》なんかしないよね。

この『ジュニア空想科学読本《くうそうかがくどくほん》③』は、読《よ》んで楽《たの》しんでもらえれば、それだけでもとても嬉《うれ》しい。でも、ついでに科学《かがく》にも興味《きょうみ》を持《も》っていただけると、もっと嬉《うれ》しいなあ、と思《おも》っています。

愛蔵版《あいぞうばん》

ジュニア空想《くうそう》科学《かがく》読本《どくほん》③

目《もく》次《じ》

とっても気《き》になるアニメの疑問《ぎもん》

『妖怪《ようかい》ウォッチ』の妖怪《ようかい》メダルは、なぜ妖怪《ようかい》が呼《よ》び出《だ》せるのですか？

大人気《だいにんき》だなあ、『妖怪《ようかい》ウォッチ』。ゲームはやっていないけれど、アニメは大好《だいす》きで、だいたい見《み》ている。古《ふる》いギャグがいっぱい出《で》てくるのも嬉《うれ》しいが、何《なに》より『妖怪《ようかい》ウォッチ』の世界《せかい》では「世《よ》の中《なか》の不思議《ふしぎ》なことや幸運《こううん》・不運《ふうん》は妖怪《ようかい》たちの仕業《しわざ》」とされているのが、とてもオモシロイ！

物忘《ものわす》れをするのは、帽子《ぼうし》のような「わすれん帽《ぼう》」が取《と》り憑《つ》くからだし、悪《わる》いことをしてしまうのは、ペガサスに似《に》た「魔《ま》ガサス」のせい。原稿《げんこう》の締《し》め切《き》りが迫《せま》っているのに、筆者《ひっしゃ》がついついダラケた生活《せいかつ》を満喫《まんきつ》してしまうのは、きっと「ダラケ刀《とう》」の仕業《しわざ》なのだ。妖怪《ようかい》に取《と》り憑《つ》かれちゃったんだから、仕方《しかた》がないよね〜。

などとアレコレ妖怪《ようかい》のせいにしようとしても、原稿《げんこう》を待《ま》っている編集長《へんしゅうちょう》は納得《なっとく》してくれそうもないから、ちゃんと考《かんが》えてみよう。いろいろ迷惑《めいわく》をかける妖怪《ようかい》たちだが、主人公《しゅじんこう》のケータ、本名《ほんみょう》・天野景太《あまのけいた》に説得《せっとく》されるなどして友達《ともだち》になると、それぞれの姿《すがた》が刻印《こくいん》された「妖怪《ようかい》メダル」をくれる。ケータがこれを「妖怪《ようかい》ウォッチ」という腕時計《うでどけい》のような装置《そうち》に差《さ》し込《こ》んだとき、そのメダルをくれた妖怪《ようかい》たちが現《あらわ》れるわけだ。これはいったいどんな仕組《しく》みなのか？

◆メダルを全部集《ぜんぶあつ》めると

まずは、妖怪《ようかい》ウォッチと妖怪《ようかい》メダルの玩具《おもちゃ》を手《て》に入《い》れたい。ところが、玩具店《がんぐてん》を何軒《なんげん》まわっても、どこも「好評《こうひょう》につき売《う》り切《き》れです」。うひょ〜、聞《き》きしに勝《まさ》る大人気《だいにんき》だよ〜。仕方《しかた》なくネットで調《しら》べると、メダルのサイズがわかった。直径《ちょっけい》4・2㎝、厚《あつ》さ4㎜。500円玉《えんだま》と比《くら》べると、直径《ちょっけい》は1・6倍《ばい》、厚《あつ》さは2・2倍《ばい》もある。

この大《おお》きさだと、重《おも》さもかなりのものだろう。玩具《おもちゃ》のメダルはプラスチック製《せい》だが、実際《じっさい》の妖怪《ようかい》ウォッチは190年前《ねんまえ》に封印《ふういん》された妖怪《ようかい》・ウィスパーにもらったもの。そんな昔《むかし》にプラスチックはなかったから、劇中《げきちゅう》のメダルは金属製《きんぞくせい》だと思《おも》われる。

オリンピックで授与《じゅよ》されるメダルは、銀《ぎん》メダルが銀《ぎん》93％、銅《どう》7％でできている。金《きん》メダルはこ

れに金《きん》メッキしたものだ。妖怪《ようかい》メダルが銀《ぎん》メダルと同《おな》じ材質《ざいしつ》だとしたら、重《おも》さは58g。500円玉《えんだま》の8・2倍《ばい》もあって、持《も》つとズシリと重《おも》く感《かん》じるはずだ。

ケータが妖怪《ようかい》たちと友達《ともだち》になると、このメダルがどんどん溜《た》まっていくのである。最新版《さいしんばん》のオフィシャルガイドでは、367体《たい》の妖怪《ようかい》が紹介《しょうかい》されている。その全員《ぜんいん》と友達《ともだち》になったら、総《そう》重量《じゅうりょう》21・1kg。とても普通《ふつう》の小《しょう》学生《がくせい》に持《も》ち運《はこ》べる重《おも》さではありませんな〜。

しかも、同《おな》じ妖怪《ようかい》と6体《たい》まで

友達《ともだち》になれる。その限度《げんど》いっぱいまで友情《ゆうじょう》を結《むす》んだ暁《あかつき》には、集《あつ》まるメダルは２２０２枚《まい》、１２７kg！　メダルは妖怪大辞典《ようかいだいじてん》に収《おさ》めることができるが、その辞典《じてん》を持《も》ち歩《ある》くにはリヤカーが必要《ひつよう》だ。

◆どうやって呼《よ》び出《だ》すのか？

考《かんが》えたいのは「なぜ妖怪《ようかい》を呼《よ》び出《だ》せるのか？」という問題《もんだい》だが、これがなかなか難《むずか》しい。

「俺《おれ》の友達《ともだち》！　出《で》てこい、ジバニャン！」などと言《い》ってウォッチにメダルを差《さ》し込《こ》むと、妖怪《ようかい》が現《あらわ》れる。ここから考《かんが》えると、呼《よ》び出《だ》す機能《きのう》はウォッチにあり、メダルには妖怪《ようかい》たちの個人情報《こじんじょうほう》が記録《きろく》されているのだろう。仕組《しく》みとしては、電話《でんわ》に近《ちか》い？

電話《でんわ》と違《ちが》うのは、連絡《れんらく》が取《と》れるだけでなく、いきなり本人《ほんにん》が来《く》ることだ。普通《ふつう》、携帯《けいたい》で友達《ともだち》を呼《よ》び出《だ》すときは、まず相手《あいて》の都合《つごう》を聞《き》き、ＯＫ《オーケー》なら来《き》てもらう。だが妖怪《ようかい》ウォッチに、そうした親《した》しき仲《なか》の礼儀《れいぎ》はない。最《もっと》も頻繁《ひんぱん》に呼《よ》び出《だ》されるネコの地縛霊《じばくれい》・ジバニャンなど、車《くるま》と戦《たたか》っている最中《さいちゅう》や、病気《びょうき》で寝《ね》ているときにも呼《よ》び出《だ》されていた。かなり強制的《きょうせいてき》なシステムなのだ。

これを可能《かのう》にする原理《げんり》を現実世界《げんじつせかい》に探《さが》すと「ワームホール」がある。それは二《ふた》つのブラックホールをつなぐトンネルのようなもので、一《ひと》つのブラックホールに入《はい》ると、時間《じかん》ゼロでもう一《ひと》つのブラックホールから出《で》る。ただし、理論的《りろんてき》に「そういうものがあるかも」と考《かんが》えられているだけで、まだ見《み》つかってはいない。

これと同《おな》じ原理《げんり》だとしたら、ウォッチにメダルを差《さ》し込《こ》むと二《ふた》つのブラックホールが発生《はっせい》し、妖怪《ようかい》は不意《ふい》にブラックホールに吸《す》い込《こ》まれ、ケータに近《ちか》いブラックホールから飛《と》び出《だ》すことになるだろう。これならジバニャンがヒドイ目《め》にあっている強制力《きょうせいりょく》にも納得《なっとく》がいくが、ケータは妖怪《ようかい》を呼《よ》び出《だ》すばかりではなく、彼《かれ》のほうが自分《じぶん》の近《ちか》くのブラックホールに吸《す》い込《こ》まれて、妖怪《ようかい》のもとに呼《よ》び出《だ》される可能性《かのうせい》もありそうだ。

そもそも、いま何《なに》をしているかわからない友達《ともだち》を、強引《ごういん》に呼《よ》び寄《よ》せる装置《そうち》とはいかがなものか。妖怪《ようかい》たちのなかには、大切《たいせつ》な仕事《しごと》をしている者《もの》もいる。クマに似《に》た「ケマモン」は、ケマモト村《むら》の村《むら》おこしのために頑張《がんば》っている。「びきゃく」はきれいな足《あし》を持《も》つ飛脚《ひきゃく》だ。彼《かれ》らを呼《よ》び出《だ》したら、村《むら》おこしイベントは中止《ちゅうし》になり、郵便物《ゆうびんぶつ》は届《とど》かなくなってしまうのでは……？

やはり、相手《あいて》の都合《つごう》ぐらいは聞《き》いたほうがいいんじゃないかなあ。

◆ひゃくれつ肉球《にくきゅう》の威力《いりょく》

この『妖怪《ようかい》ウォッチ』がブレイクしてから、筆者《ひっしゃ》のところにはいろいろ質問《しつもん》が寄《よ》せられるようになったが、やはり断《だん》トツに多《おお》いのは、ジバニャンの「ひゃくれつ肉球《にくきゅう》」についてだ。

生前《せいぜん》、ジバニャンはエミちゃんという女《おんな》の子《こ》に飼《か》われ、幸《しあわ》せに暮《く》らしていた。ところがある日《ひ》、トラックにハネられて、死《し》んでしまう。現場《げんば》に駆《か》けつけたエミちゃんは、こう言《い》った。「車《くるま》にハネられるなんて……ダサ！」。この声《こえ》を聞《き》いて、悲《かな》しみのあまり地縛霊《じばくれい》となったジバニャンは、ハネられないネコになるために特訓《とっくん》をするようになったのである。

その特訓《とっくん》とは、大通《おおどお》りで歩行者《ほこうしゃ》に取《と》り憑《つ》いて赤信号《あかしんごう》を渡《わた》らせ、トラックが迫《せま》ると、その人《ひと》の体《からだ》から抜《ぬ》け出《だ》して「ひゃくれつ肉球《にくきゅう》、ニャニャニャニャニャニャニャ！」とトラックに肉球《にくきゅう》を連打《れんだ》すること。これによってトラックを止《と》めようとしているようだが、そのたびに本人《ほんにん》はハネ飛《と》ばされ、トラックは歩行者《ほこうしゃ》の直前《ちょくぜん》で止《と》まる……。

ジバニャンのひゃくれつ肉球《にくきゅう》で、トラックを止《と》めることは可能《かのう》なのだろうか？

アニメでこのワザが炸裂《さくれつ》するシーンを見《み》ると、ジバニャンの体《からだ》からは、何本《なんぼん》もの前足《まえあし》がまっすぐ伸《の》びている。画面《がめん》を一時停止《いちじていし》させて数《かぞ》えてみると、1枚《まい》の画面《がめん》に最多《さいた》で15本《ほん》！

前足《まえあし》がこんなに何本《なんぼん》も見《み》えるのは、残像《ざんぞう》のためだろう。人間《にんげん》の目《め》に残像《ざんぞう》が残《のこ》る時間《じかん》は0・1秒《びょう》といわれるから、この間《かん》に15本《ほん》もの前足《まえあし》の残像《ざんぞう》が見《み》えるということは、ジバニャンがパンチを繰《く》り出《だ》すペースは、1秒《びょう》に150発《ぱつ》！

しかも、ケータと比《くら》べると、ジバニャンは身長《しんちょう》が65㎝ほどしかないにもかかわらず、その前足《まえあし》は1mほども伸《の》びている。この前足《まえあし》で毎秒《まいびょう》150発《ぱつ》ものパンチを出《だ》すと、そのスピードは時速《じそく》1080㎞という計算《けいさん》になる。

これはなかなかすごいと思《おも》うが、残念《ざんねん》なことに、彼《かれ》はネコであるために前足《まえあし》の重量《じゅうりょう》が軽《かる》い。一般的《いっぱんてき》なネコを体長《たいちょう》45㎝、体重《たいじゅう》4㎏と考《かんが》えて計算《けいさん》すると、ジバニャンの体重《たいじゅう》は12㎏。人間《にんげん》の片腕《かたうで》は体重《たいじゅう》の5％ほどだから、ジバニャンの前足《まえあし》の重《おも》さは片方《かたほう》600gくらいだろう。

600gの前足《まえあし》を時速《じそく》1080㎞で毎秒《まいびょう》150発《ぱつ》ぶつけたとき、トラックに与《あた》える力《ちから》を計算《けいさん》すると……おおっ、2・7t！　やるじゃないか、ジバニャン！

と思《おも》ったが、相手《あいて》は車重《しゃじゅう》2tと見《み》られるトラックである。荷物《にもつ》を満載《まんさい》していれば合計《ごうけい》4t。もし時速《じそく》50㎞で迫《せま》っていたとしたら、2・7tのブレーキ力《りょく》を与《あた》えても、止《と》まるまでに2・1秒《びょう》かかり、15mも走《はし》ることになる。結局《けっきょく》、劇中《げきちゅう》の展開《てんかい》のとおり、ジバニャンはハネられてしまう……。

これではジバニャンがあまりに気《き》の毒《どく》だ。だったら、彼《かれ》はどうすればいいのか？

方法《ほうほう》は二《ふた》つ。モーレツに太《ふと》るか、キョーレツな速度《そくど》で肉球《にくきゅう》をぶつけるか。前足《まえあし》の長《なが》さと同《おな》じ1mでトラックを止《と》めるには、体重《たいじゅう》を増《ふ》やすなら目標《もくひょう》170㎏！　ひゃくれつ肉球《にくきゅう》を鍛《きた》えるなら毎《まい》秒《びょう》580発《ぱつ》！　そのスピードはマッハ3・4！　ただし、この猛攻《もうこう》でトラックを壊《こわ》しても、壊《こわ》れたトラックがそのまま走《はし》ってきて、やっぱりハネられるので、気《き》をつけてほしいニャン。

とっても気《き》になるアニメの疑問《ぎもん》

ドラえもんは、身長《しんちょう》129・3㎝、体重《たいじゅう》129・3kgだそうです。実際《じっさい》にはどんな体型《たいけい》ですか？

知《し》る人《ひと》ぞ知《し》る、知《し》らない人《ひと》はまったく知《し》らないといわれているのが、ドラえもんの身長《しんちょう》と体重《たいじゅう》である。身長《しんちょう》129・3㎝、体重《たいじゅう》129・3kg。どちらも129・3だが、これだけではない。ドラえもんは体《からだ》のサイズも、その運動能力《うんどうのうりょく》も、何《なに》から何《なに》まで「129・3」なのだ。

頭《あたま》のまわり(帽子《ぼうし》のサイズ)が129・3㎝。胸囲《きょうい》が129・3㎝。足《あし》の長《なが》さが129・3㎜(12・93㎝)。パワーが129・3馬力《ばりき》で、ネズミを見《み》て跳《と》び上《あ》がる高《たか》さが129・3㎝。ネズミから逃《に》げる速《はや》さが時速《じそく》129・3㎞。そして誕生日《たんじょうび》が2112年《ねん》9月《がつ》3日《か》。誕生日《たんじょうび》は下《しも》4ケタが1293になっているわけですね。

なぜ１２９・３なのか。マンガの連載《れんさい》が始《はじ》まった１９６９年当時《ねんとうじ》、のび太《た》と同《おな》じ小学《しょうがく》４年生《ねんせい》の平均身長《へいきんしんちょう》が１２９・３㎝だったから、という説《せつ》もある。一瞬《いっしゅん》ナルホドと思《おも》うけれど、それは身長《しんちょう》だけの話《はなし》であって、体重《たいじゅう》や跳《と》び上《あ》がる高《たか》さまでこの数字《すうじ》に揃《そろ》える必要《ひつよう》があったのかなあ？

マンガやアニメでは、このように具体的《ぐたいてき》な設定《せってい》が明《あき》らかにされていることがある。そういうときは、数字《すうじ》をただ眺《なが》めるのではなく「実在《じつざい》したらどういう大《おお》きさなのか？」と想像《そうぞう》してみよう。算数《さんすう》の勉強《べんきょう》にもなるし、作品世界《さくひんせかい》がぐっと身近《みぢか》に感《かん》じられるはずだ。

◆設定《せってい》どおりのドラえもんとは!?

厚生労働省《こうせいろうどうしょう》の「国民健康《こくみんけんこう》・栄養調査《えいようちょうさ》」（２０１１年《ねん》）によれば、日本人男性《にほんじんだんせい》20歳《さい》以上《いじょう》の平均身長《へいきんしんちょう》はおよそ１６７㎝、体重《たいじゅう》は66㎏。これに対《たい》して、ドラえもんの身長《しんちょう》１２９・３㎝、体重《たいじゅう》１２９・３㎏は、明《あき》らかにバランスが悪《わる》い。ロボットに対《たい》して言《い》うことではないけど、太《ふと》り過《す》ぎだ！

人《ひと》の肥満度《ひまんど》をチェックするＢＭＩ《ビーエムアイ》という数値《すうち》がある。右《みぎ》の日本人男性《にほんじんだんせい》の平均値《へいきんち》でＢＭＩ《ビーエムアイ》を算出《さんしゅつ》すると、23・７だ。日本肥満学会《にほんひまんがっかい》の肥満基準《ひまんきじゅん》で、この数値《すうち》は「普通《ふつう》」の枠内《わくない》に入《はい》る。25を超《こ》えると「肥満度《ひまんど》１」、40を超《こ》えると「肥満度《ひまんど》４」となる。大相撲《おおずもう》の力士《りきし》のＢＭＩ《ビーエムアイ》は40前後《ぜんご》なのだが、ドラえもんの場合《ばあい》はなんと77・３。力士《りきし》をはるかに超《こ》えるおデブなのだなあ。

マンガやアニメの絵《え》を見《み》れば、確《たし》かにそれもナットクの体型《たいけい》である。特《とく》にアタマが異様《いよう》に大《おお》きい。筆者《ひっしゃ》がマンガから20のコマをピックアップして計測《けいそく》したところ、頭部《とうぶ》の直径《ちょっけい》が身長《しんちょう》の66％を占《し》めていることがわかった。……あれ？　待《ま》てよ。

頭《あたま》の周囲《しゅうい》が129・3㎝なら、直径《ちょっけい》は41㎝。ドラえもんの頭部《とうぶ》はほぼ球体《きゅうたい》だから、頭《あたま》のてっぺんからあごまでの長《なが》さも同《おな》じくらいと考《かんが》えていいだろう。これで計算《けいさん》すると、アタマの大《おお》きさは身長《しんちょう》の32％しかないことになる。画面《がめん》を測定《そくてい》した66％と比《くら》べると、半分《はんぶん》しかない！

冒頭《ぼうとう》で紹介《しょうかい》した設定数値《せっていすうち》を元《もと》に、ドラえもんのリアルな体型《たいけい》を想像《そうぞう》してみよう。結果《けっか》はP16のイラストのとおり。げげっ。マンガやアニメで見慣《みな》れたドラえもんに比《くら》べると、グッとスマートではあるが、なんだか不気味《ぶきみ》だ。アタマと胴体《どうたい》の幅《はば》が同《おな》じで、足《あし》は異常《いじょう》に短《みじか》い。何《なに》か困《こま》ったことがあっても、気軽《きがる》に「助《たす》けて、ドラえもん！」とは、なかなか声《こえ》をかけづらいような……。

◆タイムマシンが使《つか》えない！

マンガやアニメで描《えが》かれているドラえもんのアタマはもっと巨大《きょだい》だ。身長《しんちょう》の66％という割合《わりあい》から計算《けいさん》すれば、頭部《とうぶ》の直径《ちょっけい》は85㎝。これは大型《おおがた》トラックのタイヤ並《な》みの大《おお》きな直径《ちょっけい》だが、そのほうがナットクできる感《かん》じだなあ。

だが、このサイズのドラえもんが実在《じつざい》するとしたら、困《こま》った事態《じたい》にならないだろうか。

ドラえもんは22世紀《せいき》からやってきたロボットであり、タイムマシンを自在《じざい》に操《あやつ》っている。その入口《いりぐち》は、のび太《た》の学習机《がくしゅうづくえ》の引《ひ》き出《だ》しだが、こんなに巨大《きょだい》なアタマで引《ひ》き出《だ》しに入《はい》れるのか!?

学習机《がくしゅうづくえ》のサイズを調《しら》べてみたところ、規格《きかく》はほぼ決《き》まっているようで、机《つくえ》の横幅《よこはば》は１００cmか１１０cmのものが大半《たいはん》だ。筆者《ひっしゃ》の使《つか》っている机《つくえ》は横幅《よこはば》が１００cmで、引《ひ》き出《だ》しは横幅《よこはば》49cm、奥行《おくゆ》きが38cm。直径《ちょっけい》85cmもあるドラえもんのアタマは、どうやっても入《はい》れないし、出《で》られない！　物語《ものがたり》の冒頭《ぼうとう》で、ドラえもんは22世紀《せいき》からタイムマシンでやってきたわけだけど、どうやって机《つくえ》の引《ひ》き出《だ》しから出《で》たのかなあ？

タイムマシンが使《つか》えないと『のび太《た》の恐竜《きょうりゅう》』その他《ほか》でのさまざまな活躍《かつやく》もできないことになってしまう。のび太《た》は両親《りょうしん》に頼《たの》んで、社長室《しゃちょうしつ》にありそうなデカい机《つくえ》を買《か》ってもらおう。

◆野比家《のびけ》の全面改装《ぜんめんかいそう》が必要《ひつよう》だ

タイムマシン問題《もんだい》が解決《かいけつ》して、つつがなく野比家《のびけ》で暮《く》らすことになったとしよう。それでも、心配《しんぱい》は多々《たた》ある。

日本家屋《にほんかおく》の一般的《いっぱんてき》な廊下《ろうか》の幅《はば》は91cm。そこへアタマの直径《ちょっけい》85cmのドラえもんが通《とお》りかかると、隙間《すきま》はわずか６㎝しか残《のこ》らない。これではパパやママはもちろん、のび太《た》ともすれ違《ちが》えない。廊《ろう》下《か》でドラえもんと鉢合《はちあ》わせすると、野比家《のびけ》の人々《ひとびと》は進退《しんたい》きわまってしまうのだ。この日常《にちじょう》の不便《ふべん》さを解決《かいけつ》するには、リフォームで廊下《ろうか》の幅《はば》を１５０㎝くらいに広《ひろ》げなければならないだろう。

階段《かいだん》もリフォームの対象《たいしょう》になりそうだ。マンガに描《えが》かれたドラえもんの足《あし》の長《なが》さを計測《けいそく》すると、身長《しんちょう》の７分《ぶん》の１＝18㎝しかない。それでも設定《せってい》データの12・３９㎝より長《なが》いのだが、あまりにも短《みじか》すぎる足《あし》である。

一方《いっぽう》、日本家屋《にほんかおく》の階段《かいだん》の高《たか》さは1段《だん》20㎝くらい。つまり日本《にほん》の家《いえ》の階段《かいだん》は、1段《だん》がドラえもんの股下以上《またしたいじょう》の高《たか》さがあるということだ。

これを人間《にんげん》に置《お》き換《か》えてみると、身長《しんちょう》１６７㎝・股下《またした》75㎝の平均的《へいきんてき》な日本人男子《にほんじんだんし》が、1段《だん》の高《たか》さがキッチンの流《なが》し台《だい》ほどもある階段《かいだん》を上《のぼ》り下《お》りするようなもの。相当《そうとう》がんばらないと上《のぼ》れないし、下《お》りるときも落下《らっか》の危険《きけん》がある。

ドラえもんが階段《かいだん》を上《のぼ》り下《お》りしやすくするには、1段《だん》あたりの高《たか》さが低《ひく》いなだらかな階段《かいだん》に作《つく》り替《か》えたほうがいいだろう。ドラえもんの足《あし》の長《なが》さはのび太《た》の約《やく》４分《ぶん》の1だから、1段《だん》あたりの高《たか》さ20㎝も４分《ぶん》の1にするならば、1段《だん》５㎝！　う〜ん、これはドラえもんにとってはラクかもしれないが、野比家《のびけ》の人々《ひとびと》にとっては使《つか》いづらいだろうなあ。

しかも、日本家屋《にほんかおく》の平均的《へいきんてき》な2階《かい》の高《たか》さは2・7mだから、5cmの階段《かいだん》でその高《たか》さまで上《のぼ》るのに必要《ひつよう》な段数《だんすう》は、なんと54段《だん》！　段数《だんすう》が増《ふ》えれば、階段《かいだん》の面積《めんせき》も増《ふ》えるので、他《ほか》のスペースをつぶして階段《かいだん》を設置《せっち》することになる。果《は》てしなく続《つづ》くリフォーム地獄《じごく》だ。

ドラえもんが実在《じつざい》したら……と考《かんが》えると、このようにいろいろな問題《もんだい》が発生《はっせい》する。それでもあんなに楽《たの》しくて便利《べんり》なロボット、うちにも来《き》てもらいたいなあ。

とっても気《き》になる昔話《むかしばなし》の疑問《ぎもん》

塔《とう》から髪《かみ》を垂《た》らして王子様《おうじさま》を登《のぼ》らせたラプンツェル。どれだけ頭皮《とうひ》が強《つよ》いの？

映画《えいが》『塔《とう》の上《うえ》のラプンツェル』の原作《げんさく》は、グリム童話《どうわ》『ラプンツェル』だ。岩波文庫《いわなみぶんこ》の『完訳《かんやく》グリム童話集《どうわしゅう》(一)』(金田鬼一《かねだきいち》訳《やく》)を読《よ》むと、それはこんなお話《はなし》である。

昔々《むかしむかし》、身《み》ごもった妻《つま》に「ラプンツェル(野《の》ぢしゃ＝野菜《やさい》の一種《いっしゅ》)を食《た》べないと死《し》んでしまう」とせがまれた夫《おっと》が、魔法使《まほうつか》いのゴテルばあさんの畑《はたけ》に忍《しの》び込《こ》み、野《の》ぢしゃを盗《ぬす》んでくる。

しかし、魔法使《まほうつか》いに見《み》つかってしまい、「許《ゆる》してほしければ、生《う》まれてくる赤《あか》ん坊《ぼう》を渡《わた》せ」と迫《せま》られ、そのとおりにすると約束《やくそく》してしまった。やがて生《う》まれてきた女《おんな》の子《こ》は、魔法使《まほうつか》いにもらわれていき、「ラプンツェル」と名《な》づけられた。

12歳《さい》になったラプンツェルは、お日《ひ》さまの下《した》で誰《だれ》よりも美《うつく》しい少女《しょうじょ》へと成長《せいちょう》した。魔法使《まほうつか》いは、誰《だれ》にも見《み》られないよう、彼女《かのじょ》を小窓《こまど》しかない高《たか》い塔《とう》に閉《と》じ込《こ》める。そして自分《じぶん》が会《あ》いに行《い》くときは、黄金《こがね》を紡《つむ》いだように美《うつく》しく長《なが》い髪《かみ》を窓《まど》から垂《た》らさせ、それにつかまってよじ登《のぼ》るのだった。

数年後《すうねんご》、塔《とう》の近《ちか》くを通《とお》りかかった王子《おうじ》が、ラプンツェルの歌声《うたごえ》に魅《み》せられてしまう。彼《かれ》は魔法《まほう》使《つか》いを真似《まね》てラプンツェルに髪《かみ》を垂《た》らさせ、塔《とう》をよじ登《のぼ》り、彼女《かのじょ》と恋《こい》に落《お》ちる。王子《おうじ》はこうして何度《なんど》もラプンツェルに会《あ》いに行《い》くが、やがて魔法使《まほうつか》いに見《み》つかってしまった。

ラプンツェルは髪《かみ》を切《き》られて追《お》い出《だ》され、魔法使《まほうつか》いは切《き》った髪《かみ》を窓《まど》の鉤《かぎ》にぶら下《さ》げる。王子《おうじ》はいつものように、その髪《かみ》を伝《つた》って登《のぼ》ってくるが、中《なか》にいたのは愛《いと》しいラプンツェルではなく、毒々《どくどく》しい目《め》をした魔法使《まほうつか》い。驚《おどろ》いて絶望《ぜつぼう》した王子《おうじ》は、塔《とう》から飛《と》び降《お》り、カラタチの棘《とげ》で目《め》を突《つ》いて失明《しつめい》してしまう……。しかし、長《なが》い放浪《ほうろう》の果《は》てに二人《ふたり》は再会《さいかい》、ラプンツェルの涙《なみだ》で王子《おうじ》の目《め》も治《なお》り、二人《ふたり》はお城《しろ》で幸《しあわ》せに暮《く》らしましたとさ。

◆毛根《もうこん》はどのくらい強《つよ》いのか？

一人《ひとり》の女性《じょせい》が「野菜《やさい》が食《た》べたい」と言《い》ったばかりに、大変《たいへん》な騒《さわ》ぎになったものである。まあ確《たし》かに、人生《じんせい》というものは、些細《ささい》なコトから大《おお》きく転変《てんぺん》する面妖《めんよう》なものだが……。うむむ……。

わが半生《はんせい》を振《ふ》り返《かえ》っていないで、ラプンツェルの髪《かみ》の毛問題《けもんだい》を考《かん》えよう。彼女《かのじょ》は自分《じぶん》の髪《かみ》をロープ代《が》わりにして、高《たか》い塔《とう》の小窓《こまど》まで王子《おうじ》をよじ登《のぼ》らせたが、そんなことができるのか？

ポイントは毛根《もうこん》だろう。王子《おうじ》の体重《たいじゅう》に髪《かみ》が耐《た》えられたとしても、毛根《もうこん》が耐《た》えられなかったら、ラプンツェルはツルッパゲになってしまう。試《ため》しに自分《じぶん》の髪《かみ》を一本引《いっぽんひ》っ張《ぱ》ると、途中《とちゅう》で切《き》れることなく、根本《ねもと》から抜《ぬ》けた。これは、毛根《もうこん》が髪《かみ》より弱《よわ》いことの証《あかし》である。つまり、王子《おうじ》が髪《かみ》につかまって塔《とう》を登《のぼ》れるかどうかは、ラプンツェルの毛根《もうこん》の強度次第《きょうどしだい》なのだ。

では、髪《かみ》はどれくらいの力《ちから》まで、抜《ぬ》けずに耐《た》えられるのだろうか？　これは実験《じっけん》するのがいちばんだ。筆者《ひっしゃ》は、鏡《かがみ》を見《み》ながら自分《じぶん》の髪一本《かみいっぽん》をつまんで、中《なか》ほどにバネばかりの鉤《かぎ》を引《ひ》っかけて持《も》ち上《あ》げ……ようとしたのだが、み、短《みじか》すぎてどうにもならん。筆者《ひっしゃ》の髪《かみ》は平均《へいきん》3㎝ほどしかないのだ。そこで、空想科学研究所《くうそうかがくけんきゅうじょ》の秘書《ひしょ》に相談《そうだん》すると「私《わたし》の髪《かみ》を使《つか》ってもいいですよ」。うおおっ、髪《かみ》は女《おんな》の命《いのち》というのに、ホントすいません＆ありがとう。

というわけで、秘書《ひしょ》の髪《かみ》の毛《け》で実験《じっけん》させてもらった結果《けっか》、毛根一《もうこんひと》つが耐《た》えられる力《ちから》は150gだった。これは意外《いがい》にすごい耐久力《たいきゅうりょく》だ。日本人《にほんじん》の髪《かみ》の本数《ほんすう》は平均《へいきん》10万本《まんぼん》なので、これらをすべて束《たば》ねれば、なんと15tにも耐《た》えられる計算《けいさん》に！　道路工事《どうろこうじ》で路面《ろめん》を圧《お》し固《かた》めている、あのロードローラーさえもぶら下《さ》げられるはずである。

もちろん、人間《にんげん》を逆《さか》さ吊《づ》りにしてロードローラーなんかぶら下《さ》げたら、首《くび》のほうが抜《ぬ》けてしまうだろう。しかし、10万本《まんぼん》の髪《かみ》とはそれほど強《つよ》いのだ。

ただし、ヨーロッパ人《じん》の髪《かみ》は日本人《にほんじん》より細《ほそ》い。その代《か》わりに本数《ほんすう》が多《おお》く、平均《へいきん》14万本《まんぼん》あるといわれる。毛根《もうこん》の強度《きょうど》がわが秘《ひ》書《しょ》の半分《はんぶん》の75gしかなかったとしても、14万本《まんぼん》を束《たば》ねれば10tのモノを吊《つ》り上《あ》げることが可能《かのう》だ。王子《おうじ》が、巨体《きょたい》で人気《にんき》の幕内《まくうち》力士《りきし》・逸ノ城《いちのじょう》（199kg）と同《おな》じくらいのデカブツだったとしても、10人《にん》や20人《にん》ぶら下《さ》げるのになんの問題《もんだい》もない。おらおら、ヨーロッパ中《じゅう》の王子《おうじ》ども、まとめて登《のぼ》ってこいっ！

◆王子《おうじ》はモーレツな年上好《としうえごの》み!?

ラプンツェルの毛根《もうこん》が強《つよ》いのはまことにめでたいが、筆者《ひっしゃ》がもう一《ひと》つ気《き》になるのは、彼女《かのじょ》の髪《かみ》の長《なが》さだ。冒頭《ぼうとう》に掲《かか》げた童話集《どうわしゅう》の記述《きじゅつ》によれば、塔《とう》の窓《まど》から12mも垂《た》れ下《さ》がっていたという。12m！　人間《にんげん》の髪《かみ》って、そんなに長《なが》く伸《の》びるものなのか？

『毛髪《もうはつ》を科学《かがく》する　発毛《はつもう》と脱毛《だつもう》のしくみ』(松崎貴《まつざきたかし》／岩波書店《いわなみしょてん》)によれば、人間《にんげん》の髪《かみ》は一日《いちにち》に平均《へいきん》0・35㎜伸《の》びるという。その一方《いっぽう》で、髪《かみ》には成長期《せいちょうき》・退行期《たいこうき》・休止期《きゅうしき》があって、3〜7年《ねん》の成《せい》長期《ちょうき》を終《お》えると普通《ふつう》は成長《せいちょう》が止《と》まる。7年《ねん》として計算《けいさん》すると、90㎝くらいが限界《げんかい》ということだ。

ところがラプンツェルの髪《かみ》は12m。退行期《たいこうき》も休止期《きゅうしき》もなく毎日《まいにち》0・35㎜ずつ伸《の》びていったとしても、12mに達《たっ》するまでの時間《じかん》は……ええっ、94年《ねん》!?　魔法使《まほうつか》いだけじゃなくて、ラプンツェルもお婆《ばあ》さんだったということ？　そういう彼女《かのじょ》を好《す》きになってしまった王子《おうじ》は、モーレツな熟《じゅく》女好《じょず》きだった……!?

さらに不思議《ふしぎ》なのは、魔法使《まほうつか》いにバレる前《まえ》に、なぜ王子《おうじ》はラプンツェルを連《つ》れて逃《に》げなかったのかということだ。手《て》に手《て》を取《と》って二人《ふたり》で塔《とう》から脱出《だっしゅつ》すれば……と思《おも》ったのだが、あ。そうか。この塔《とう》の唯一《ゆいいつ》の昇降手段《しょうこうしゅだん》はラプンツェルの髪《かみ》なのだから、彼女《かのじょ》が塔《とう》の上《うえ》にいない限《かぎ》り、誰《だれ》も塔《とう》に出入《でい》りできないわけだ。魔法使《まほうつか》いですら、ラプンツェルの髪《かみ》を使《つか》って昇《のぼ》り降《お》りしていたくらいだし……。

だがそうなると、新《あら》たな疑問《ぎもん》が。そもそも魔法使《まほうつか》いは、ラプンツェルをどうやって塔《とう》の上《うえ》に上《あ》げたのだろう。体重《たいじゅう》のまだ軽《かる》かった子《こ》どもの頃《ころ》、エイヤッと強引《ごういん》に投《な》げ上《あ》げたのか？　魔法《まほう》を使《つか》えば楽勝《らくしょう》かもしれないが、だいたいこの魔法使《まほうつか》い、物語《ものがたり》のなかで魔法《まほう》を一度《いちど》も使《つか》っていない。そんなんで魔法使《まほうつか》いといえるのか？

最後《さいご》のほうは単《たん》なるイチャモンですね、すいません。でも、ついあれこれツッコみたくなるくらい、謎《なぞ》が謎《なぞ》を呼《よ》ぶ昔々《むかしむかし》の不思議《ふしぎ》な物語《ものがたり》なのである。

とっても気《き》になるアニメの疑問《ぎもん》

ピカチュウの10万《まん》V《ボルト》の電《でん》撃《げき》を受《う》けてもロケット団《だん》は死《し》にません。なぜですか？

ピカチュウの必殺技《ひっさつわざ》は「10万V《まんボルト》の電撃《でんげき》」。あまりにも有名《ゆうめい》な話《はなし》である。その直撃《ちょくげき》を浴《あ》びて、ムサシ、コジロウ、ニャースのロケット団《だん》が吹《ふ》っ飛《と》ばされる。このシーンもまた、有名《ゆうめい》すぎるほど有名《ゆうめい》だ。

すると、誰《だれ》もが思《おも》うだろう。10万V《まんボルト》の電撃《でんげき》を受《う》けたのに、ロケット団《だん》は死《し》なないの？

ゲームソフト『ポケットモンスター』が発売《はつばい》されたのは１９９６年《ねん》。アニメの放映開始《ほうえいかいし》は97年《ねん》。これまでに全世界《ぜんせかい》でシリーズ累計《るいけい》２億本以上《おくほんいじょう》のソフトが売《う》れ、アニメは世界《せかい》77ヵ国《こく》で放映《ほうえい》されたという。こうした数字《すうじ》から想像《そうぞう》するに、いままでにおそらく世界《せかい》で10億人単位《おくにんたんい》の子《こ》どもたちが、

同《おな》じ疑問《ぎもん》を抱《いだ》き、そのナゾが解《と》けないまま、むなしく大人《おとな》になっていったのでは……。

本稿《ほんこう》では、このワールドワイドなクエスチョンに迫《せま》ってみたい。

◆デンキウナギは、なぜ発電《はつでん》できる?

そもそも、生《い》き物《もの》であるピカチュウが電撃《でんげき》を放《はな》つことは、あり得《う》るのか?

自然界《しぜんかい》にも、デンキウナギやシビレエイなど電気《でんき》を放《はな》つ生《い》き物《もの》がいる。彼《かれ》らが電気《でんき》を放《はな》てるのは、体内《たいない》に「電気板《でんきばん》」と呼《よ》ばれる発電細胞《はつでんさいぼう》を持《も》っているからだ。電気板《でんきばん》1枚《まい》は厚《あつ》さ0・1㎜で、これで発電《はつでん》できる電圧《でんあつ》は最大《さいだい》0・08V《ボルト》。だが、これが何万枚《なんまんまい》と積《つ》み重《かさ》なることで、高《たか》い電圧《でんあつ》を作《つく》り出《だ》す。

『ポケモン全《ぜん》キャラ大図鑑《だいずかん》』(小学館《しょうがくかん》)のピカチュウの項《こう》には「ほっぺたの電気《でんき》ぶくろに電気《でんき》をためこんでいるポケモンだ」とある。電気《でんき》を溜《た》め込《こ》む器官《きかん》を持《も》つからには、電気《でんき》を生《う》み出《だ》す仕組《しく》みも体内《たいない》に備《そな》わっているに違《ちが》いない。

デンキウナギの場合《ばあい》、生《う》み出《だ》す電圧《でんあつ》は800V《ボルト》に達《たっ》し、馬《うま》さえ感電死《かんでんし》させることがあるという。ピカチュウの10万V《まんボルト》はデンキウナギの125倍《ばい》だが、同《おな》じ原理《げんり》で発電《はつでん》するとしても、体内《たいない》に発電《はつでん》細胞《さいぼう》が125倍《ばい》あるとしたら、10万V《まんボルト》も不可能《ふかのう》とはいえないだろう。

そんなピカチュウの電撃《でんげき》を食《く》らったら、人間《にんげん》はどうなるのか？

『世界大百科事典《せかいだいひゃっかじてん》』（平凡社《へいぼんしゃ》）のデータを元《もと》に計算《けいさん》すると、人《ひと》が感電《かんでん》して呼吸麻痺《こきゅうまひ》を起《お》こす電圧《でんあつ》は、体《からだ》が乾《かわ》いている場合《ばあい》で１５００Ｖ《ボルト》、濡《ぬ》れていたら１５０Ｖ《ボルト》。また、アメリカのいくつかの州《しゅう》で死刑《けい》に用《もち》いられている「電気椅子《でんきいす》」は、電圧《でんあつ》２千Ｖ《せんボルト》に設定《せってい》されているという。ここから、人《ひと》は１５００Ｖ《ボルト》の電圧《でんあつ》を受《う》けると死《し》に至《いた》ると考《かんが》えていいだろう。

ピカチュウの10万Ｖ《まんボルト》とは、その67倍《ばい》だ。こんな電圧《でんあつ》を受《う》けたりしたら、ロケット団《だん》の連中《れんちゅう》は、もう間違《まちが》いなく、絶対《ぜったい》に、確実《かくじつ》に死《し》ぬ！　それなのに、これを食《く》らって吹《ふ》っ飛《と》びながら、なぜ彼《かれ》らは翌週《よくしゅう》も元気《げんき》に現《あらわ》れるのか……？

この問題《もんだい》を考《かんが》える前《まえ》に、解決《かいけつ》しておきたいことがある。「ピカチュウの電撃《でんげき》が10万Ｖ《まんボルト》」というのは、真実《しんじつ》なのだろうか？　筆者《ひっしゃ》は、アヤシいとニランでいる。

空気中《くうきちゅう》を電気《でんき》が飛《と》ぶことを「放電《ほうでん》」といい、距離《きょり》１ｍにつき50万Ｖ《まんボルト》の電圧《でんあつ》が必要《ひつよう》だ。逆《ぎゃく》にいえば、10万Ｖ《まんボルト》の電圧《でんあつ》では、電気《でんき》は20㎝しか飛《と》ばない。こんなに射程距離《しゃていきょり》の短《みじか》い電撃《でんげき》にやられるのは、ピカチュウのすぐ近《ちか》くにいるサトシだけ！

ところが、劇中《げきちゅう》の描写《びょうしゃ》を見《み》ると、ピカチュウの電撃《でんげき》は少《すく》なくとも５ｍほど飛《と》んでいる。これを実現《じつげん》するのに必要《ひつよう》な電圧《でんあつ》は、50万Ｖ《まんボルト》×５ｍ＝２５０万Ｖ《まんボルト》！　そう、５ｍも放電《ほうでん》できる以上《いじょう》、ピカチュウの電撃《でんげき》は10万V《まんボルト》どころか、250万V《まんボルト》くらいあるはずなのだ。

するとロケット団《だん》はいよいよ命《いのち》が危《あぶ》ないってことじゃん！

◆あれはピカチュウの職人芸《しょくにんげい》⁉

ここから先《さき》は、ピカチュウの電撃《でんげき》が250万V《まんボルト》という仮定《かてい》に基《もと》づいて「なぜ、そんなモノを食《く》らってもロケット団《だん》は死《し》なないのか？」を考《かんが》えていこう。

実《じつ》は、われわれも日常生活《にちじょうせいかつ》のなかで1500V《ボルト》を超《こ》える電撃《でんげき》を受《う》けることがしばしばある。たとえば冬《ふゆ》、指《ゆび》とドアノブなどのあいだにバチッと飛《と》ぶ「静電気《せいでんき》」だ。空気《くうき》が乾燥《かんそう》しているときなど、2㎝ほどの火花《ひばな》が飛《と》ぶ。これは、距離《きょり》2㎝の放電《ほうでん》が起《お》きたことに他《ほか》ならない。

前述《ぜんじゅつ》のとおり、放電《ほうでん》には距離《きょり》1mにつき50万V《まんボルト》の電圧《でんあつ》が必要《ひつよう》だから、このとき起《お》きた放電《ほうでん》の電《でん》圧《あつ》は、なんと1万V《まんボルト》。致死限界《ちしげんかい》1500V《ボルト》をはるかに超《こ》えている！

それでもわれわれが死《し》なないのは、1万V《まんボルト》というのは指《ゆび》とドアノブとのあいだの電圧《でんあつ》であり、体《からだ》にかかる電圧《でんあつ》ではないからだ。電圧《でんあつ》は「長《なが》さ」や「高《たか》さ」のように、二《ふた》つの点《てん》のあいだで決《き》まる量《りょう》だ。そのため「どこ」と「どこ」のあいだにかかるのかが重要《じゅうよう》になる。

先《さき》ほどから言《い》っている「致死限界《ちしげんかい》1500V《ボルト》」とは、たとえば「頭《あたま》と足《あし》」や「右手《みぎて》と左足《ひだりあし》」のあいだに1500V《ボルト》の電圧《でんあつ》がかかれば、致死量《ちしりょう》の電流《でんりゅう》が体内《たいない》を流《なが》れてしまい、死亡《しぼう》する危険《きけん》があるということだ。

雷雲《かみなりぐも》から放《はな》たれる雷《かみなり》の電圧《でんあつ》は2億V《おくボルト》といわれるが、それも雷雲《かみなりぐも》と地面《じめん》のあいだの電圧《でんあつ》で、落雷《らくらい》を受《う》けた人《ひと》の体《からだ》に2億V《おくボルト》もの電圧《でんあつ》がかかることはない。電圧《でんあつ》の大半《たいはん》は、火花《ひばな》が空中《くうちゅう》を飛《と》ぶのに消費《しょうひ》される。ピカチュウの電撃《でんげき》も同《おな》じで、250万V《まんボルト》の電撃《でんげき》を放《はな》っても、距離《きょり》が遠《とお》ければ遠《とお》いほど、電圧《でんあつ》は空気中《くうきちゅう》を飛《と》ぶのに消費《しょうひ》されてしまう。

ロケット団《だん》が死《し》なないところに注目《ちゅうもく》すると、彼《かれ》らの体《からだ》には1500V《ボルト》以下《いか》の電圧《でんあつ》しかかかっていないはずである。その場合《ばあい》、ピカチュウの電撃《でんげき》が250万V《まんボルト》だとすれば、残《のこ》りの249万《まん》8500V《ボルト》は、空中《くうちゅう》を飛《と》ぶのに消費《しょうひ》されていることになる。それだけの電圧《でんあつ》を消費《しょうひ》する距離《きょり》とは、4m99㎝7㎜だ。

もちろん5mより遠《とお》いと、250万V《まんボルト》は空中《くうちゅう》で使《つか》い果《は》たしてしまい、電撃《でんげき》はロケット団《だん》に届《とど》かない。彼《かれ》らが電撃《でんげき》を浴《あ》びながら、しかも生《い》きているということは、ムサシとコジロウとニャースは「ピカチュウから4m99㎝7㎜以上《いじょう》、5m以下《いか》」という位置《いち》にいることに他《ほか》ならない。許《ゆる》される誤差《ごさ》は、たったの3㎜！

これはもう、ピカチュウがロケット団《だん》を生《い》かさぬよう殺《ころ》さぬよう、絶妙《ぜつみょう》な距離《きょり》から電撃《でんげき》を放《はな》っ

ているということだろう。ちょっと身《み》じろぎしただけで、電撃《でんげき》は届《とど》かないか、あるいは図《はか》らずもロケット団《だん》を死《し》なせてしまうのだから、まことに繊細《せんさい》で高度《こうど》な技術《ぎじゅつ》だ。すごいな、ピカチュウ。世界《せかい》でポケモンが支持《しじ》された根底《こんてい》には、日本《にほん》の職人芸《しょくにんげい》があったということ……かなあ？　なんかまったく違《ちが》う気《き》もするなあ。

とっても気《き》になるマンガの疑問《ぎもん》

ケンシロウの名《めい》セリフ「おまえはすでに死《し》んでいる」。それって、どんな状態《じょうたい》？

青春時代《せいしゅんじだい》に貪《むさぼ》り読《よ》んだマンガを一《ひと》つ挙《あ》げろと言《い》われたら、筆者《ひっしゃ》の場合《ばあい》は『北斗《ほくと》の拳《けん》』である。

北斗神拳《ほくとしんけん》の使《つか》い手《て》・ケンシロウが「あたたたたたたたたた！」と怪鳥《かいちょう》のような奇声《きせい》を発《はっ》して敵《てき》を連打《れんだ》する。そして、静《しず》かに告《つ》げる。

「経絡秘孔《けいらくひこう》を突《つ》いた。おまえはすでに死《し》んでいる」

敵《てき》は「な、何《なん》だとォ!?」などと言《い》い返《かえ》そうとするが、次《つぎ》の瞬間《しゅんかん》、その言葉《ことば》は「あべし！」「たわば！」などという断末魔《だんまつま》の悲鳴《ひめい》に変《か》わり、体《からだ》が大爆発《だいばくはつ》……！

このマンガが、筆者《ひっしゃ》が大学生《だいがくせい》の頃《ころ》に大《だい》ヒットしていたのだ。おカネのない友人《ゆうじん》たちと連載雑誌《れんさいざっし》を回《まわ》し読《よ》みして、試験《しけん》の後《あと》など「おまえはすでに落第《らくだい》している」「やっぱし！」などと言《い》い合《あ》っているうちに、筆者《ひっしゃ》は本当《ほんとう》に落第《らくだい》してしまいました。とほほ〜。ほろ苦《にが》すぎる青春《せいしゅん》の思《おも》い出《で》に身《み》をよじっている場合《ばあい》ではない。

当時《とうじ》から気《き》になっていたのは、ケンシロウの言《い》う「すでに死《し》んでいる」の意味《いみ》である。これはどういうことだろう？

すでに死《し》んでいる人《ひと》にそう言《い》ったところで、相手《あいて》には届《とど》かないのだから意味《いみ》がない。わざわざ「おまえはもう死《し》んでいるんだよ！」と言《い》い聞《き》かせなければならない相手《あいて》がいるとしたら、それは成仏《じょうぶつ》できない地縛霊《じばくれい》くらいのもの……!?　いやいや、相手《あいて》はいまこの瞬間《しゅんかん》まで元気《げんき》に戦《たたか》ってきた屈強《くっきょう》な男《おとこ》だ。

すると、科学的《かがくてき》にも国語的《こくごてき》にも「おまえはもうすぐ死《し》ぬ」と表現《ひょうげん》するのが正《ただ》しいのでは……？

◆ヒミツは経絡秘孔《けいらくひこう》にある

この問題《もんだい》のカギは、やはりケンシロウが使《つか》う北斗神拳《ほくとしんけん》にあるのだろう。

北斗神拳《ほくとしんけん》は、１８００年《ねん》の歴史《れきし》を持《も》つという。「経絡秘孔《けいらくひこう》」と呼《よ》ばれる人体《じんたい》の急所《きゅうしょ》を指《ゆび》で突《つ》くことによって、相手《あいて》の体《からだ》を内部《ないぶ》から破壊《はかい》するという恐《おそ》るべき必殺拳《ひっさつけん》だ。だが、急所《きゅうしょ》を突《つ》くことで、人間《にんげん》の体《からだ》が爆発《ばくはつ》することがあり得《う》るのだろうか？

中国医学《ちゅうごくいがく》では、人間《にんげん》の体《からだ》には「経脈《けいみゃく》」と「絡脈《らくみゃく》」が網《あみ》の目《め》のように走《はし》り、内臓《ないぞう》の働《はたら》きを調節《ちょうせつ》しているとされている。これらを合《あ》わせて「経絡《けいらく》」と呼《よ》び、経絡《けいらく》が皮膚《ひふ》のすぐ下《した》を通《とお》っている部分《ぶぶん》が「ツボ」である。『北斗の拳《ほくとのけん》』でも、経絡秘孔《けいらくひこう》とはこのツボのことだと述《の》べられていた。

人体《じんたい》を解剖《かいぼう》しても、経脈《けいみゃく》や絡脈《らくみゃく》が見《み》つかることはない。しかし、ツボを刺激《しげき》すれば体調《たいちょう》がよくなることがあるのも事実《じじつ》。実際《じっさい》には、神経《しんけい》やホルモンが作用《さよう》していると考《かんが》えられる。

体調《たいちょう》がよくなるツボがあるのだから、その逆《ぎゃく》の、そこを突《つ》けば体調《たいちょう》が悪化《あっか》するツボがあっても不思議《ふしぎ》ではない。

たとえば、そこを突《つ》くと神経《しんけい》が刺激《しげき》され、「心臓《しんぞう》に水分《すいぶん》が足《た》りない」という誤《あやま》った情報《じょうほう》が伝達《でんたつ》される、などというツボがあったらどうなるか。全身《ぜんしん》の水分《すいぶん》が心臓《しんぞう》へドッと集《あつ》まり、心筋《しんきん》の細胞《さいぼう》はその水分《すいぶん》を吸収《きゅうしゅう》して膨《ふく》れ上《あ》がり、限界《げんかい》を突破《とっぱ》して、ついには破裂《はれつ》！　という可能性《かのうせい》もないとはいえない……かなあ？

ただし、ツボへの刺激《しげき》で、それほど大《おお》きな影響《えいきょう》を与《あた》えられるとしたら、中国式《ちゅうごくしき》マッサージは怖《こわ》くて受《う》けられないし、一部《いちぶ》の決《き》まった細胞《さいぼう》だけでなく、体全体《からだぜんたい》が「あべし！」と大爆発《だいばくはつ》するのは、あまりにも不思議《ふしぎ》だ。北斗神拳《ほくとしんけん》は、１８００年《ねん》の歳月《さいげつ》をかけて、それを可能《かのう》にしたのだろうか。

う〜む、オソロシや〜。

◆「おまえはすでに死《し》んでいる」とは？

そんな北斗神拳《ほくとしんけん》が到達《とうたつ》した境地《きょうち》が「おまえはすでに死《し》んでいる」なのだろう。これは、科学的《かがくてき》に考《かんが》えると、どういうコトなのか？

「人間《にんげん》は、首《くび》を切《き》られても3秒《びょう》は意識《いしき》がある」という話《はなし》を聞《き》いたことがある。ホントかどうかは、首《くび》をちょん切《ぎ》られて生還《せいかん》した人《ひと》がまだいないのだから、確《たし》かめようがない。しかし、科学的《かがくてき》に考《かんが》えれば、血液《けつえき》に酸素《さんそ》や養分《ようぶん》が残《のこ》っているうちは、脳《のう》は活動《かつどう》できるはずだ。3秒《びょう》かどうかは別《べつ》にして、この短《みじか》い時間《じかん》が「もう死《し》んでいる」状態《じょうたい》ということにならないだろうか。

いや、よく考《かんが》えると、脳《のう》が活動《かつどう》しているあいだは「まだ死《し》んでいない」というべきだろうなあ。死《し》ぬのは確実《かくじつ》だが、まだ辛《かろ》うじて生《い》きているのだから「すでに死《し》んでいる」わけではない。「もうすぐ死《し》ぬ」は生《せい》と死《し》の境界《きょうかい》をまだ越《こ》えていないが、「すでに死《し》んでいる」はその一線《いっせん》を越《こ》えてしまったことを意味《いみ》するはずだ。

すると、ケンシロウにやられたヤツらは、生死《せいし》の境界《きょうかい》を越《こ》えながら、いまだ生《い》きていることになる。う〜む、何《なん》のことやらサッパリわからん。……いや、待《ま》てよ。自然界《しぜんかい》にもこれとよく似《に》た現象《げんしょう》があるぞ。

学校《がっこう》の理科《りか》では「水《みず》は0℃で凍《こお》る」と習《なら》う。ところが、純粋《じゅんすい》な水《みず》を静《しず》かにゆっくり冷《ひ》やしていくと、0℃より低《ひく》くなっても凍《こお》らないことがある。「過冷却《かれいきゃく》」と呼《よ》ばれる現象《げんしょう》で、水《みず》としても、もう氷《こおり》になりたいのだが、何《なに》かきっかけがなければ氷《こおり》の状態《じょうたい》に移《うつ》れないのだ。まるで、眠《ねむ》くて眠《ねむ》くてたまらないのに、「寝《ね》なさい」と言《い》われないと布団《ふとん》に入《はい》らない人《ひと》みたいですね。

逆《ぎゃく》にいうと、きっかけさえ与《あた》えれば、たちまち氷《こおり》になる。過冷却《かれいきゃく》の水《みず》をかき回《まわ》したり容器《ようき》を叩《たた》いたりすると、その刺激《しげき》でサーッと凍《こお》り始《はじ》めるのだ。これ、機会《きかい》があったらぜひ実験《じっけん》してください。うまくいったら、ちょっと感動《かんどう》するよ〜。

すでに限界《げんかい》を超《こ》えているのに、本来《ほんらい》そうあるべき姿《すがた》にならない。ひょっとしたら、ケンシロウに経絡秘孔《けいらくひこう》を突《つ》かれた人々《ひとびと》も、この過冷却《かれいきゃく》と同《おな》じ状態《じょうたい》に陥《おちい》っているのではないだろうか。彼《かれ》らは、すでに死《し》んでいてもおかしくないのに、実《じっ》に危《あや》ういバランスで、生《い》きていたときと同《おな》じ状態《じょうたい》が保《たも》たれている……?

よし、これを「過死亡《かしぼう》」と名《な》づけよう!

筆者《ひっしゃ》の推論《すいろん》が正《ただ》しければ、過死亡《かしぼう》から真《しん》の死亡《しぼう》へ移《うつ》るにも、何《なに》かの刺激《しげき》が必要《ひつよう》なはずだ。思《おも》うに、その刺激《しげき》を与《あた》えているのは、経絡秘孔《けいらくひこう》を突《つ》かれた人《ひと》たち自身《じしん》ではないだろうか。ケンシロウ

に「おまえはすでに死《し》んでいる」と言《い》われて、何《なに》か言《い》い返《かえ》そうとするからいかんのだ。それが刺激《しげき》となって、過死亡《かしぼう》が真《しん》の死亡《しぼう》へ……ひでぶっ！

◆読者《どくしゃ》の皆《みな》さん、さようなら

そういうことなら、ケンシロウに経絡秘孔《けいらくひこう》を突《つ》かれた人々《ひとびと》にも、生《い》き延《の》びる道《みち》はある。真《しん》の死亡《しぼう》に移行《いこう》するきっかけを与《あた》えなければよいのだ。

「おまえはすでに死《し》んでいる」と宣告《せんこく》されても、言《い》い返《かえ》さない。過死亡《かしぼう》のまま、じっと耐《た》える。

過冷却《かれいきゃく》の水《みず》も、放《ほう》っておけば温度《おんど》が上《あ》がって、ただの水《みず》になるのだから、そのまま一晩《ひとばん》も寝《ね》れば過死亡《かしぼう》は解除《かいじょ》される……はず。どうだ、この仮説《かせつ》はっ!?

……と、ここまで書《か》いて、筆者《ひっしゃ》は冷《ひ》や汗《あせ》が流《なが》れ始《はじ》めた。北斗神拳《ほくとしんけん》は、一子相伝《いっしそうでん》。その奥義《おうぎ》を受《う》け継《つ》ぐのは常《つね》に一人《ひとり》であり、ケンシロウも、同《おな》じ時期《じき》に修行《しゅぎょう》した4人《にん》の兄弟《きょうだい》のなかからただ一人《ひとり》選《えら》ばれて、秘伝《ひでん》を授《さず》けられた。他《ほか》の兄弟《きょうだい》は、同《おな》じように修行《しゅぎょう》したのに、奥義《おうぎ》を教《おし》えてもらえなかったわけだ。

それほど厳《きび》しい秘密《ひみつ》なのに、筆者《ひっしゃ》がこんなところで勝手《かって》な推測《すいそく》を書《か》き散《ち》らしちゃってもよいのかな？　もし当《あ》たっていたら、一子相伝《いっしそうでん》の掟《おきて》によって経絡秘孔《けいらくひこう》を突《つ》かれるかも……。うわあ、本当《ほんとう》にオソロシや、北斗神拳《ほくとしんけん》。

とっても気《き》になるアニメの疑問《ぎもん》

スヌーピーとチーズ、賢《かしこ》いのはどっちですか？

アニメやマンガには、しばしば「犬《いぬ》という生物《せいぶつ》の限界《げんかい》を超《こ》えて生《い》きる犬《いぬ》」が登場《とうじょう》する。などと難《むずか》しそうに書《か》いてみたけど、要《よう》するに「スヌーピーやめいけんチーズってスゴくない？」という話《はなし》です。気軽《きがる》にお読《よ》みください。

日本《にほん》でも大人気《だいにんき》のスヌーピーは、アメリカのチャールズ・M・シュルツが描《えが》いたマンガ『ピーナッツ』に登場《とうじょう》するビーグル犬《けん》。『ピーナッツ』は1950年《ねん》～2000年《ねん》にアメリカの新聞《しんぶん》に連載《れんさい》され、世界《せかい》75ヵ国《こく》に読者《どくしゃ》を持《も》つ、世界《せかい》で最《もっと》も有名《ゆうめい》なギャグマンガのひとつだ。

主人公《しゅじんこう》はチャーリー・ブラウンという少年《しょうねん》で、スヌーピーはその飼《か》い犬《いぬ》。犬小屋《いぬごや》の屋根《やね》に仰向《あおむ》けに寝《ね》そべるポーズが有名《ゆうめい》だが、野球《やきゅう》やゴルフをしたり、医者《いしゃ》や弁護士《べんごし》に変装《へんそう》したり……と、まるっきり犬《いぬ》とは思《おも》えない活躍《かつやく》を見《み》せる。

めいけんチーズは、ご存《ぞん》じ『それいけ！　アンパンマン』でレギュラーを務《つと》める犬《いぬ》である。ジャムおじさんのパン工場《こうじょう》に住《す》んでいて、パン作《づく》りを手伝《てつだ》ったり(ええっ!?)、犬小屋《いぬごや》が壊《こわ》れると、自分《じぶん》でトンカチを振《ふ》るって修理《しゅうり》したりする。人手《ひとで》が足《た》りなくなると、移動《いどう》パン工場《こうじょう》ともいうべきアンパンマン号《ごう》を運転《うんてん》することも！

スヌーピーもチーズも、普段《ふだん》は人間《にんげん》の言葉《ことば》を話《はな》すことはない。が、周囲《しゅうい》の人々《ひとびと》の会話《かいわ》は完全《かんぜん》に理解《りかい》しているようだ。そして、平然《へいぜん》と二足歩行《にそくほこう》をする！「犬《いぬ》」と呼《よ》ぶには、あまりにも器用《きよう》で知能《ちのう》の高《たか》い日米《にちべい》の名犬《めいけん》たち。どっちが賢《かしこ》いのか、さまざまな観点《かんてん》から比《くら》べてみよう。

◆運動能力《うんどうのうりょく》で比較《ひかく》すると？

まず、スヌーピーについて驚《おどろ》くのは、スポーツ万能《ばんのう》なことだ。野球《やきゅう》、テニス、サーフィン、アイスホッケー、カヌー、ゴルフと何《なん》でもござれ。

野球《やきゅう》では、チャーリー・ブラウンが監督《かんとく》を務《つと》めるチームで、ショートを守《まも》っている。この話《はなし》、野球《やきゅう》に詳《くわ》しい人《ひと》はビックリするだろう。そう、ショートは内野手《ないやしゅ》のなかでも、守備範囲《しゅびはんい》の広《ひろ》さと野球《やきゅう》センスが求《もと》められるポジションだ。打者《だしゃ》の特徴《とくちょう》、アウトカウント、ランナーの配置《はいち》、打球《だきゅう》の方向《ほうこう》によって、二塁《にるい》のベースカバーに入《はい》ったり、サードと連携《れんけい》したり、外野《がいや》からの返球《へんきゅう》を中継《ちゅうけい》したりと、臨機応変《りんきおうへん》なプレーが求《もと》められる。このポジションをこなすとは、相当《そうとう》に賢《かしこ》い犬《いぬ》である。

一方《いっぽう》のチーズはどうか。

筆者《ひっしゃ》は残念《ざんねん》ながら、チーズがスポーツをしている場面《ばめん》を見《み》たことがない。だが、かなりのポテンシャル(潜在能力《せんざいのうりょく》)を秘《ひ》めていると思《おも》う。というのも、アンパンマンの顔《かお》が濡《ぬ》れたり汚《よご》れたりすると、ジャムおじさんが焼《や》いた新《あたら》しい顔《かお》を、チーズが投《な》げることもあるからだ。

これは、そう簡単《かんたん》にできることではない。『ジュニア空想科学読本《くうそうかがくどくほん》』の1冊目《さつめ》でも検証《けんしょう》したが、アンパンマンの顔《かお》は、アニメの画面《がめん》をもとに計算《けいさん》してみると、実《じつ》に１１２kgもあるからだ。重《おも》い物《もの》を投《な》げる競技《きょうぎ》といえば砲丸投《ほうがんな》げだが、一般男子用《いっぱんだんしよう》の砲丸《ほうがん》は７・２６kgで、世界最高記録《せかいさいこうきろく》は23ｍ12㎝。これに対《たい》して、チーズが投《な》げたアンパンマンの顔《かお》は空中《くうちゅう》を３秒《びょう》も飛《と》ぶことがあり、その場合《ばあい》の飛距離《ひきょり》はなんと76ｍ！　しかも、この投擲《とうてき》では、新《あたら》しい顔《かお》を古《ふる》い顔《かお》に命中《めいちゅう》させて弾《はじ》き飛《と》ばさなければならないから、精密《せいみつ》なコントロールも求《もと》められる。チーズ、おそるべし！

実績《じっせき》のスヌーピーに、ポテンシャルのチーズ。運動能力《うんどうのうりょく》では、甲乙《こうおつ》つけがたい。

◆車《くるま》の運転《うんてん》がうまいのは？

チーズの特技《とくぎ》のひとつは、冒頭《ぼうとう》にも書《か》いたように、車《くるま》の運転《うんてん》ができること。10tトラック並《な》みの大型車《おおがたしゃ》・アンパンマン号《ごう》を運転《うんてん》したり、ガールフレンドのレアチーズちゃんとスポーツカーでドライブしたりすることもある。いったい誰《だれ》が免許《めんきょ》を交付《こうふ》したんだっ!?

調《しら》べてみると、実《じつ》はスヌーピーも車《くるま》の運転《うんてん》ができるらしい。特《とく》に有名《ゆうめい》なのが、スケートリンクを削《けず》ってきれいにする「整氷車《せいひょうしゃ》」を運転《うんてん》すること。アメリカでは、プロのアイスホッケーが大人《だいにん》気《き》で、そのスケートリンクではザンボニー社《しゃ》の整氷車《せいひょうしゃ》がよく使《つか》われているという。作者《さくしゃ》のシュルツが大《だい》のアイスホッケー好《ず》きで、それゆえ劇中《げきちゅう》ではスヌーピーが意味《いみ》もなくザンボニー社《しゃ》の整氷《せいひょう》車《しゃ》を運転《うんてん》していたりするらしい。

これにザンボニー社《しゃ》が応《こた》えた。1991年《ねん》にスヌーピーを「世界一《せかいいち》のザンボニー・ドライバー」として表彰《ひょうしょう》したという。人間《にんげん》を差《さ》し置《お》いて、犬《いぬ》が世界一《せかいいち》!? いいのか、それで……。

というわけで、車《くるま》の運転《うんてん》の技量《ぎりょう》は、チーズとスヌーピー、互角《ごかく》と見《み》た。

◆このヒトたち、天才《てんさい》です！

だが、チーズは車《くるま》に関連《かんれん》してもうひとつ、仰天《ぎょうてん》の能力《のうりょく》を持《も》っている。なんとアンパンマン号《ごう》の

修理《しゅうり》ができるのだ！

車《くるま》の修理《しゅうり》ができる人間《にんげん》は、車《くるま》の運転《うんてん》ができる人間《にんげん》より圧倒的《あっとうてき》に少《すく》ないだろう。車《くるま》を修理《しゅうり》するには、車《くるま》の構造《こうぞう》と仕組《しく》みを知《し》り尽《つ》くしていなければならないのだから。そして、不具合《ふぐあい》のある箇所《かしょ》を探《さぐ》り当《あ》て、工具《こうぐ》を的確《てきかく》に使《つか》い……って、おいっ、チーズは本当《ほんとう》に犬《いぬ》なのか？

そして最後《さいご》に、スヌーピーの驚《おどろ》きの能力《のうりょく》についても語《かた》っておかなければなるまい。

それは、タイプライターが打《う》てること。単《たん》にキーボードが叩《たた》けるのではなく、いま筆者《ひっしゃ》が現《げん》にやっているように、文章《ぶんしょう》が書《か》けるということなのだ。劇中《げきちゅう》では、これでチャーリー・ブラウンに用事《ようじ》を伝《つた》えることが多《おお》いが、時間《じかん》のあるときには、小説《しょうせつ》を書《か》いて出版社《しゅっぱんしゃ》に送《おく》っているという。ぎょぎょっ！

スヌーピーが紡《つむ》ぎ出《だ》すのは、たとえば次《つぎ》のような文章《ぶんしょう》である。

水皿《みずざら》に僕《ぼく》の顔《かお》が映《うつ》っている。僕《ぼく》はのどが渇《かわ》いているが、この水《みず》を飲《の》み干《ほ》せば僕《ぼく》の顔《かお》は見《み》られなくなる。なら僕《ぼく》を見《み》ているほうがいいや。

犬《いぬ》の日常《にちじょう》のありふれた場面《ばめん》を題材《だいざい》に、心情《しんじょう》を鮮《あざ》やかに吐露《とろ》した名文《めいぶん》である！　残念《ざんねん》ながら、応募《おうぼ》した小説《しょうせつ》はすべて落選《らくせん》して返《かえ》ってきてしまうらしいが、この才能《さいのう》が発掘《はっくつ》されないとは、アメリカの出版界《しゅっぱんかい》はいったいどこに目《め》をつけているのだろうか。

こうして比較《ひかく》すると、スヌーピーは文才《ぶんさい》において、チーズは車《くるま》の修理《しゅうり》において傑出《けっしゅつ》しているといえるだろう。文系《ぶんけい》のスヌーピー、理系《りけい》のチーズ。文系《ぶんけい》と理系《りけい》の優劣《ゆうれつ》が決《き》められないように、筆者《ひっしゃ》にはどちらが優《すぐ》れているか判断《はんだん》できない。確《たし》かなのは、車《くるま》の運転《うんてん》もできず、小説《しょうせつ》も書《か》けない筆者《ひっしゃ》より、どちらも優《すぐ》れているということだ。無念《むねん》じゃ〜、わん、わんっ！

とっても気《き》になる映画《えいが》の疑問《ぎもん》

スーパーマンが地球《ちきゅう》を逆回転《ぎゃくかいてん》させましたが、そんなことして大丈夫《だいじょうぶ》？

弾丸《だんがん》よりも速《はや》く、機関車《きかんしゃ》よりも力《ちから》は強《つよ》く、ビルディングなどはひとっ飛《と》び！「何《なん》だあれは!?」「鳥《とり》だ」「ロケットよ」「あっ、スーパーマン！」。

これは、テレビ版《ばん》『スーパーマン』オープニングのナレーションだ。原点《げんてん》は1938年《ねん》に発表《はっぴょう》されたアメリカのマンガだが、日本《にほん》で人気《にんき》を呼《よ》んだのは、50年代《ねんだい》に放送《ほうそう》されたこのテレビ版《ばん》の影響《えいきょう》が大《おお》きい。最高視聴率《さいこうしちょうりつ》は、なんと74％だったという。

その後《ご》、何度《なんど》も映画化《えいがか》されるなど、いまも根強《ねづよ》い人気《にんき》を誇《ほこ》るスーパーマンは、もちろん空想科学《くうそうかがく》ヒーローの元祖《がんそ》である。彼《かれ》がいなかったら、ウルトラマンも仮面《かめん》ライダーも本書《ほんしょ》『ジュニア空《くう》想科学読本《そうかがくどくほん》』も存在《そんざい》しなかっただろう。感謝《かんしゃ》せねばならんなあ。

クリプトン星人《せいじん》であるスーパーマンが、デイリー・プラネット社《しゃ》の新聞記者《しんぶんきしゃ》クラーク・ケントとして暮《く》らしているのは、アメリカ合衆国《がっしゅうこく》。そう、人々《ひとびと》の心《こころ》がまっすぐな、あのアメリカである。だからだろうか、スーパーマンはどんな事件《じけん》にも真正面《ましょうめん》から立《た》ち向《む》かい、腕力《わんりょく》だけで解決《かいけつ》してしまおうとする傾向《けいこう》がある。「いま自分《じぶん》がこれを実行《じっこう》したら、地球《ちきゅう》はどうなるか？」などということは、あまり考《かんが》えないようだ。

ここでは、その傾向《けいこう》がよく表《あらわ》れたいくつかのエピソードについて考《かんが》えてみたい。腕力一本槍《わんりょくいっぽんやり》で、地球《ちきゅう》の平和《へいわ》や正義《せいぎ》が守《まも》れるのだろうか？

◆噴火中《ふんかちゅう》の火山《かざん》にフタをする！

たとえば1987年《ねん》の映画《えいが》『スーパーマンⅣ　最強《さいきょう》の敵《てき》』において、スーパーマンは核兵器《かくへいき》の廃絶《はいぜつ》に立《た》ち上《あ》がった。世界一《せかいいち》の核大国《かくたいこく》のヒーローでありながら、その意気《いき》やよし！

だが、方法《ほうほう》は乱暴《らんぼう》である。スーパーマンは、実験中《じっけんちゅう》の核《かく》ミサイルを片《かた》っ端《ぱし》から捕《つか》まえては、宇宙空間《ちゅうくうかん》に運《はこ》び去《さ》る。その数《かず》、おそらく数百基《すうひゃっき》。これらをダンゴ状《じょう》に集《あつ》め、ワイヤーでひとまとめにすると、ハンマー投《な》げのようにブンブン振《ふ》り回《まわ》して、太陽《たいよう》に向《む》かって投《な》げつけた。目《め》にも留《と》まらぬ速《はや》さで飛《と》んでいった核《かく》ミサイルのかたまりは、やがて太陽《たいよう》の表面《ひょうめん》で大爆発《だいばくはつ》……！

太陽《たいよう》からは、1秒間《びょうかん》にビキニ水爆《すいばく》60億発分《おくはつぶん》というとてつもないエネルギーが放《はな》たれている。そこに核《かく》ミサイル数百発分《すうひゃっぱつぶん》のエネルギーが加《くわ》わっても、それほど大《おお》きな影響《えいきょう》はないだろう。その意味《いみ》では、スーパーマンのこのやり方《かた》は正解《せいかい》だったといえる。

だが、万事《ばんじ》がこの調子《ちょうし》だから、科学的《かがくてき》に考《かんが》えるとヒジョ〜に不安《ふあん》なこともやっている。この映画《えいが》に登場《とうじょう》する「最強《さいきょう》の敵《てき》」が火山《かざん》を人工的《じんこうてき》に噴火《ふんか》させてしまった。さあ、どうするスーパーマン!?　と思《おも》って見《み》ていると、彼《かれ》は目《め》からレーザー光線《こうせん》を放《はな》ち、すぐ隣《となり》の山《やま》を真《ま》ん中《なか》あたりからきれいに切《き》り取《と》った。そして、この山《やま》をひっくり返《かえ》して、隣《となり》の山《やま》の噴火口《ふんかこう》にドスンとのっけたではないか！　ま、まさか噴火口《ふんかこう》にフタをしたつもり!?

噴火《ふんか》している火山《かざん》にフタなんかしたら、地下《ちか》のマグマの圧力《あつりょく》がますます高《たか》くなる。そのうち、これまで以上《いじょう》の大噴火《だいふんか》が起《お》こるぞ！

しかしスーパーマンは、そんなことを気《き》にする男《おとこ》ではない。委細構《いさいかま》わず「最強《さいきょう》の敵《てき》」との決戦《けっせん》へ突《つ》っ走《ぱし》る。敵《てき》が太陽光《たいようこう》をエネルギー源《げん》にしていることを知《し》ると、なんと月《つき》を地球《ちきゅう》と太陽《たいよう》のあいだに移動《いどう》させて、人工的《じんこうてき》に日食《にっしょく》を起《お》こしてしまったのだ。わー、ダメだって！

月《つき》は、地球《ちきゅう》の周囲《しゅうい》を秒速《びょうそく》1㎞で公転《こうてん》している。これによって発生《はっせい》する遠心力《えんしんりょく》が、地球《ちきゅう》の重力《じゅうりょく》とつり合っているから、月《つき》は地球《ちきゅう》に落《お》ちてくることもなく、円軌道《えんきどう》を保《たも》っているのだ。日食《にっしょく》は太陽《たいよう》と月《つき》が重《かさ》なることで起《お》きるから、これを起《お》こしたということは、月《つき》の公転《こうてん》を止《と》めたということだ。そんなことをしたら、月《つき》は地球《ちきゅう》の重力《じゅうりょく》に引《ひ》かれて、落《お》ちてくる！　月《つき》が激突《げきとつ》したら、どれほどの惨事《さんじ》が起《お》こることやら……!?

◆恋人《こいびと》を救《すく》うために、地球《ちきゅう》を滅《ほろ》ぼす！

空想科学史上最大《くうそうかがくしじょうさいだい》ともいえる暴挙《ぼうきょ》をやってのけたのは、1978年《ねん》の映画《えいが》『スーパーマン』だ。スーパーマンの恋人《こいびと》が地割《じわ》れに呑《の》み込《こ》まれて死《し》んでしまった！　失意《しつい》のスーパーマンは、しかしあきらめない。彼女《かのじょ》を生《い》き返《かえ》らせるために、時間《じかん》を逆《ぎゃく》に進《すす》めようとした。その方法《ほうほう》は、地球《ちきゅう》を逆《ぎゃく》回転《かいてん》させること！

えーっ、その目的《もくてき》に、その手段《しゅだん》!?　もう根底《こんてい》から間違《まちが》っている。地球《ちきゅう》が自転《じてん》するのは、時間《じかん》が経《た》った結果《けっか》であって、地球《ちきゅう》が自転《じてん》するから、時間《じかん》が経《た》つのではない。彼《かれ》の行為《こうい》は、学校《がっこう》に15分遅《ふんち》刻《こく》しそうになった小学生《しょうがくせい》が、時計《とけい》の針《はり》を15分戻《ふんもど》して安心《あんしん》するようなものだ。

だが、劇中《げきちゅう》のスーパーマンはその信《しん》じられない剛力《ごうりき》で、本当《ほんとう》に地球《ちきゅう》の自転《じてん》を止《と》めて、さらには逆回転《ぎゃくかいてん》させてしまう。その結果《けっか》、時間《じかん》は恋人《こいびと》がまだ生《い》きていたときに逆戻《ぎゃくもど》り。スーパーマンは見《み》

事《ごと》に彼女《かのじょ》の命《いのち》を救《すく》ったのだった……。

うーんうーん。なぜそうなるのか全然《ぜんぜん》わからないので、ここでは実際《じっさい》にそんなコトをしたら何《なに》が起《お》こるかを考《かんが》えてみよう。

地球《ちきゅう》の周囲《しゅうい》は4万《まん》㎞。それが24時間《じかん》で一周《いっしゅう》するのだから、時《じ》速《そく》１７００㎞で自転《じてん》しているわけだ。それをスーパーマンは、約《やく》10秒《びょう》かけてピタリと止《と》めた。

これは、時速《じそく》１７００㎞で走《はし》っている電車《でんしゃ》を、わずか10秒《びょう》で急《きゅう》停車《ていしゃ》させるようなもの。そんなことをしたら、電車《でんしゃ》の乗客《じょうきゃく》は、慣性《かんせい》の法則《ほうそく》で全員《ぜんいん》が前《まえ》に吹《ふ》っ飛《と》ぶだろう。

スーパーマンの行為《こうい》によって、同《おな》じことが地球規模《ちきゅうきぼ》で起《お》こる！

具体的《ぐたいてき》には、地上《ちじょう》のすべての物体《ぶったい》に、真横《まよこ》から重力《じゅうりょく》の5倍《ばい》の力《ちから》がかかる。人間《にんげん》や自動車《じどうしゃ》や犬《いぬ》や猫《ねこ》は、時速《じそく》１７００㎞で東《ひがし》にぶっ飛《と》ばされ、ビルなどの建造物《けんぞうぶつ》も根元《ねもと》からポッキリ折《お》れて、真横《まよこ》に飛《と》んでいくだろう。山《やま》も崩《くず》れ、谷《たに》は裂《さ》ける。地上《ちじょう》は地獄絵図《じごくえず》だ！

悲劇《ひげき》はそれで終《お》わらない。海水《かいすい》も同《おな》じ力《ちから》を受《う》けるから、時速《じそく》１７００㎞の濁流《だくりゅう》となって大地《だいち》を押《お》し流《なが》す。波《なみ》の高《たか》さは最大《さいだい》1万《まん》1千《せん》mに達《たっ》し、何《なに》もかも押《お》し流《なが》され、地球一面《ちきゅういちめん》が泥《どろ》の海《うみ》に！

さらなる脅威《きょうい》は大気《たいき》である。それまで地球《ちきゅう》の自転《じてん》とともに時速《じそく》１７００㎞で動《うご》いていた大気《たいき》は、地球《ちきゅう》が止《と》まったからといって止《と》まってはくれない。地上《ちじょう》には時速《じそく》１７００㎞という超音速《ちょうおんそく》の爆風《ばくふう》が吹《ふ》き荒《あ》れる！　もちろん地球誕生《ちきゅうたんじょう》以来最大《いらいさいだい》の嵐《あらし》であり、この猛風《もうふう》が山《やま》やビルなどとぶつかって、熱《ねつ》が発生《はっせい》する。それにより地表《ちひょう》の温度《おんど》は一気《いっき》に38℃も急上昇《きゅうじょうしょう》。夏《なつ》なら東京《とうきょう》の気温《きおん》は70℃を超《こ》えるだろう。こんな高温下《こうおんか》で死《し》なない人間《にんげん》はおらず、生《い》き残《のこ》るのはスーパーマンただ一人《ひとり》……！

恋人《こいびと》を救《すく》うために、これほどの惨事《さんじ》を招《まね》くとは、さすが空想科学《くうそうかがく》ヒーローの元祖《がんそ》スーパーマンだ。彼《かれ》がいたから、ウルトラマンも仮面《かめん》ライダーも『ジュニア空想科学読本《くうそうかがくどくほん》』も生《う》まれた。感謝《かんしゃ》せねばならん。感謝《かんしゃ》せねばなるまいが……、うーん、科学的《かがくてき》には感謝《かんしゃ》できるかいっ！

とっても気《き》になるアニメの疑問《ぎもん》

『クレヨンしんちゃん』のしんのすけは、オナラで空《そら》を飛《と》びました。お尻《しり》が心配《しんぱい》です。

野原《のはら》しんのすけは、尊敬《そんけい》に値《あたい》する5歳児《さいじ》だ。なかでも仰天《ぎょうてん》するのは、その小《ちい》さな尻《しり》から繰《く》り出《だ》される技《わざ》の数々《かずかず》である。

体育座《たいいくずわ》りの体勢《たいせい》のままドンドン前進《ぜんしん》する「ケツだけ歩《ある》き」！

尻《しり》で相手《あいて》の顔《かお》を左右《さゆう》に叩《たた》く「しりびんた」！

振《ふ》り下《お》ろされる武器《ぶき》を真剣白刃取《しんけんしらはど》りのようにキャッチする「ケツだけ取《ど》り」！

あまりに器用《きよう》な尻《しり》だが、これらを実践《じっせん》することは可能《かのう》なのか。「しりびんた」や「ケツだけ取《ど》り」は想像《そうぞう》しただけでシリ込《ご》みしてしまうので、ここではまず「ケツだけ歩《ある》き」を考《かんが》えてみよう。

◆ケツだけ歩《ある》きに挑戦《ちょうせん》する！

しんのすけのケツだけ歩《ある》きを、細《こま》かく観察《かんさつ》すると、体育座《たいいくずわ》りで両腿《りょうもも》を抱《かか》え、両足《りょうあし》を地面《じめん》から浮《う》かせたまま、お尻《しり》の筋肉《きんにく》すなわち大臀筋《だいでんきん》を交互《こうご》に動《うご》かして前進《ぜんしん》している。しかも、目《め》を見張《みは》るスピードだ。ある回《かい》で測定《そくてい》すると、直径《ちょっけい》1mほどの円《えん》を描《えが》き、1周《しゅう》2秒《びょう》というペースでぐるぐる回《まわ》っていた。このときの速度《そくど》は秒速《びょうそく》1・6m＝時速《じそく》5・7㎞。大人《おとな》の急《いそ》ぎ足《あし》ほども速《はや》い！

いったいどんな尻《しり》を有《ゆう》していれば、こんな歩《ある》き方《かた》ができるのか？　座《ざ》して考《かんが》えても全然《ぜんぜん》わからんので、筆者《ひっしゃ》はケツだけ歩《ある》きにチャレンジしてみた。

しんのすけと同《おな》じポーズで床《ゆか》に座《すわ》り、右《みぎ》の大臀筋《だいでんきん》を後方《こうほう》に蹴《け》って、左《ひだり》の大臀筋《だいでんきん》を前方《ぜんぽう》に踏《ふ》み出《だ》す……なんてことはできないので、ともかく前《まえ》に進《すす》もうとジタバタするうちに、前方《ぜんぽう》に移動《いどう》することだけはできるようになった。

そのやり方《かた》はこうだ。まず上半身《じょうはんしん》を左《ひだり》に傾《かたむ》けると同時《どうじ》に、左《ひだり》へひねり、その勢《いきお》いで右《みぎ》の尻《しり》を前《ぜん》方《ぽう》に滑《すべ》らせる。続《つづ》いて右《みぎ》に傾《かたむ》きながら左《ひだり》の尻《しり》を前《まえ》へ。これを繰《く》り返《かえ》すと、オイッシリ、サンシリ……というリズムで軽快《けいかい》に進《すす》んでいける。

ポイントは、無理《むり》に尻《しり》を宙《ちゅう》に浮《う》かせようとするのではなく、滑《すべ》らせること。相撲《すもう》や柔道《じゅうどう》では、足《あし》の裏《うら》を土俵《どひょう》や畳《たたみ》から離《はな》さずに移動《いどう》する「摺《す》り足《あし》」が重視《じゅうし》されるが、ケツだけ歩《ある》きの成否《せいひ》も「摺《す》り尻《しり》」にかかっている。

ただし、軽快《けいかい》なのはリズムだけで、スピードはまことに遅《おそ》い。10秒《びょう》で進《すす》めた距離《きょり》を測定《そくてい》すると、うおっ。たったの56㎝！　これは秒速《びょうそく》5・6㎝＝時速《じそく》200mでしかないから、しんのすけの28分《ぶん》の1というノロさである。

しかも、筆者自慢《ひっしゃじまん》の摺《す》り尻《しり》は障害物《しょうがいぶつ》に弱《よわ》そうだ。段差《だんさ》はもちろん、ゆく手《て》に画鋲《がびょう》でも転《ころ》がっていたら、もう遠回《とおまわ》りするしかないな〜。

などと思《おも》いながら室内《しつない》をうねり進《すす》んで行《い》くと、ややっ、ゆく手《て》に障子《しょうじ》の敷居《しきい》が立《た》ちはだかった。よしチャレンジするかと、このときばかりは摺《す》り尻《しり》を捨《す》て、尻《しり》をエイヤッと大《おお》きく持《も》ち上《あ》げたところ、敷居《しきい》の角《かど》が尻《しり》にゴリッと食《く》い込《こ》んだ。ぐわわっ、痛《いた》い！

——その後《ご》3日間《かかん》、筆者《ひっしゃ》は歩《ある》くたびに尻《しり》が痛《いた》かったです。読者《どくしゃ》の皆《みな》さんはくれぐれもマネをしないように。

◆オナラで空《そら》を飛《と》べるか？

尻《しり》の痛《いた》みに耐《た》えながら、筆者《ひっしゃ》が科学的《かがくてき》に注目《ちゅうもく》したい尻《しり》ワザがある。『映画《えいが》クレヨンしんちゃん

伝説《でんせつ》を呼《よ》ぶ　ブリブリ3分《ぷん》ポッキリ大進撃《だいしんげき》』で、怪獣《かいじゅう》を倒《たお》すためにヒーローに扮《ふん》したしんのすけが、なんとオナラで空《そら》を飛《と》んだのだ！

しかも、その尻《しり》からは炎《ほのお》を噴出《ふんしゅつ》していた。どんな尻《しり》ならこうした異能《いのう》の秘技《ひぎ》が可能《かのう》なのか？

それを考《かんが》えるために、そもそもオナラとは何《なに》かを理解《りかい》しておこう。

オナラは、飲《の》み込《こ》んだ空気《くうき》と、消化《しょうか》できなかった食《た》べ物《もの》を腸内《ちょうない》の細菌《さいきん》が分解《ぶんかい》したガスの混合物《こんごうぶつ》だ。窒素《ちっそ》、水素《すいそ》、二酸化炭素《にさんかたんそ》、メタン、そして臭《にお》いの元《もと》になるインドールやスカトールなど、400種類《しゅるい》のガスが含《ふく》まれる。まことにバラエティ豊《ゆた》かな気体連合軍《きたいれんごうぐん》なのだ。

これらのうち、水素《すいそ》やメタンは可燃性《かねんせい》だから、これに着火《ちゃっか》すれば炎《ほのお》が発生《はっせい》する。その量《りょう》さえ莫大《ばくだい》なら、ロケットのようにケツから火《ひ》を噴《ふ》いて飛《と》んでいけそうな気《き》もする。

だがそれは、しんのすけにとって、あまりにも苛酷《かこく》な飛《と》び方《かた》だ。ロケットエンジン内《ない》で燃料《ねんりょう》を燃《も》やす場所《ばしょ》を「燃焼室《ねんしょうしつ》」と呼《よ》ぶが、その温度《おんど》は3千℃にも達《たっ》する。空《そら》を飛《と》ぶからには、しんのすけにもこのレベルが要求《ようきゅう》されるだろう。そんな高温《こうおん》に5歳児《さいじ》の尻《しり》は、いや何歳《なんさい》の人《ひと》の尻《しり》であっても耐《た》えられまい。

だったら、どうすれば飛《と》べるのか？

基本《きほん》に立《た》ち返《かえ》って考《かんが》えれば、ロケットが飛《と》ぶのは、炎《ほのお》を出《だ》すことが重要《じゅうよう》なのではない。燃料《ねんりょう》を燃《も》やして、高温《こうおん》・高圧《こうあつ》のガスを大量《たいりょう》に発生《はっせい》させ、高速《こうそく》で噴《ふ》き出《だ》すから飛《と》べるのだ。膨《ふく》らませた風《ふう》船《せん》を離《はな》すと飛《と》んでいくのも、同《おな》じ原理《げんり》である。

すると、しんのすけも、大量《たいりょう》のオナラをものすごいスピードでぶっ放《ぱな》せば、別《べつ》に燃《も》やさなくても飛《と》べることになる。

その場合《ばあい》、どれほどのオナラの量《りょう》とスピードが必要《ひつよう》なのか？

しんのすけの体重《たいじゅう》が、５歳男児《さいだんじ》の平均《へいきん》に等《ひと》しい17・７kgだとしよう。上昇《じょうしょう》するにはこれを上回《うわまわ》る推力《すいりょく》が必要《ひつよう》だから、ここでは切《き》りよく20kgと考《かんが》える。放屁中《ほうひちゅう》、しんのすけの肛門《こうもん》が直径《ちょっけい》１cmに広《ひろ》がると仮定《かてい》すると、これで20kgの推力《すいりょく》を得《え》るには、１秒間《びょうかん》に１２０L《リットル》のオナラをマッハ４・３で噴《ふ》き出《だ》さねばならない！

１２０L《リットル》とは、２L《リットル》入《い》りのペットボトル60本分《ぽんぶん》。それをたった1秒《びょう》で！　しかも、その爆烈《ばくれつ》オナラを飛《と》んでいるあいだじゅう噴《ふ》き出《だ》し続《つづ》ける！　５歳児《さいじ》のオナラとして、いや人類《じんるい》のオナラとして、あまりにも豪快《ごうかい》だ。成人《せいじん》が一日《いちにち》に放《はな》つオナラは０・４L《リットル》といわれる。しんのすけは、その３００倍《ばい》のオナラをたった1秒《びょう》でぶっ放《ぱな》つのだ。もし11分《ぷん》ほども飛《と》び続《つづ》けようものなら、彼《かれ》が住《す》む埼玉県春日部市民《さいたまけんかすかべしみん》20万人《まんにん》が一日《いちにち》に放《はな》つオナラと同量《どうりょう》のオナラを大空《おおぞら》に撒《ま》き散《ち》らすことになる。うひょ～ッ。

◆しんのすけのオナラで家《いえ》が全壊《ぜんかい》！

だが、量《りょう》より問題《もんだい》なのはマッハ４・３というスピードだ。日本《にほん》で記録《きろく》された台風《たいふう》の最大瞬間風《さいだいしゅんかんふう》速《そく》の最高記録《さいこうきろく》は、１９６６年《ねん》に第《だい》2宮古島台風《みやこじまたいふう》で観測《かんそく》された秒速《びょうそく》85・３m。マッハ４・３とはその17倍《ばい》だ。破壊力《はかいりょく》は、17×17で２９０倍《ばい》になる。そんなオナラをドバドバとぶっ放《ぱな》し続《つづ》けて、しんのすけの尻《しり》は大丈夫《だいじょうぶ》なのか？

これほどの猛風《もうふう》が通過《つうか》するとき、人間《にんげん》の直腸《ちょくちょう》や肛門《こうもん》がどのようなカタチで破壊《はかい》されていくのかは、実験《じっけん》してみなければわからない。でも人類《じんるい》は未来永劫《みらいえいごう》、そんな実験《じっけん》をすることはないでしょうなあ。

ただひとつ言《い》えるのは、マッハ４・３ものオナラの衝突《しょうとつ》または通過《つうか》によって、しんのすけの直《ちょく》腸《ちょう》や肛門《こうもん》が１１００℃に加熱《かねつ》されるであろうことだ。

この温度《おんど》になると、メタンや水素《すいそ》も自然発火《しぜんはっか》し、尻《しり》から炎《ほのお》が噴《ふ》き出《だ》すことになる。おお、映画《えいが》の描写《びょうしゃ》は科学的《かがくてき》に正《ただ》しかった！

などと喜《よろこ》んでいる場合《ばあい》なのか!?　こんなオナラ、もし室内《しつない》でぶっ放《ぱな》そうものなら、爆風《ばくふう》で家《いえ》は全壊《ぜんかい》。破片《はへん》は炎上《えんじょう》しながら四散《しさん》する。父《ちち》・ひろしが汗《あせ》と涙《なみだ》で築《きず》いた一家《いっか》の城《しろ》が、息子《むすこ》のオナラで夢《ゆめ》の跡《あと》。庭《にわ》で発射《はっしゃ》しても、ご近所一帯《きんじょいったい》が同《おな》じ悲《かな》しみに暮《く》れるだろう。

その一方《いっぽう》で、喜《よろこ》んでよさそうな話《はなし》もある。オナラの臭《にお》いの元《もと》であるインドールやスカトールは、1100℃もの高温《こうおん》にさらされると、分解《ぶんかい》して別《べつ》の物質《ぶっしつ》になってしまう。つまり、しんのすけが大気《たいき》に噴出《ふんしゅつ》するオナラは、まったくクサくない!

ああ、己《おのれ》の肛門《こうもん》を酷使《こくし》しながら、平和《へいわ》のために大空《おおぞら》をゆく野《の》原《はら》しんのすけ、5歳《さい》。この気高《けだか》いヒーローに、筆者《ひっしゃ》はオナラが出《で》そうなほど感動《かんどう》する。

とっても気《き》になる特撮《とくさつ》の疑問《ぎもん》

ウルトラマンVS仮面《かめん》ライダー。戦《たたか》ったら、どちらが勝《か》ちますか？

空想科学世界《くうそうかがくせかい》の二大《にだい》ヒーローといえば、ウルトラマンと仮面《かめん》ライダーであろう。

ウルトラマンは、M78星雲《せいうん》から地球《ちきゅう》にやってきた正義《せいぎ》の宇宙人《うちゅうじん》。身長《しんちょう》40m、体重《たいじゅう》3万《まん》5千《せん》t。マッハ5で空《そら》を飛《と》び、手《て》から必殺《ひっさつ》のスペシウム光線《こうせん》をしゅばばば〜と放《はな》つ。

仮面《かめん》ライダーは、悪《あく》の秘密結社《ひみつけっしゃ》ショッカーによって作《つく》り出《だ》されたバッタの改造人間《かいぞうにんげん》だ。脳改造《のうかいぞう》の直前《ちょくぜん》に脱出《だっしゅつ》し、正義《せいぎ》のために戦《たたか》う。身長《しんちょう》1・8m、体重《たいじゅう》70kgで、必殺技《ひっさつわざ》はライダーキック。

この両雄《りょうゆう》が戦《たたか》えば、どちらが強《つよ》いのか？　筆者《ひっしゃ》が子《こ》どもの頃《ころ》から友人《ゆうじん》たちと盛《さか》んに話《はな》し合《あ》ったテーマだが、結論《けつろん》は出《で》なかった。身長《しんちょう》40mのウルトラマンと、1・8mの仮面《かめん》ライダーでは、大《おお》きさがあまりに違《ちが》うため、二人《ふたり》の戦《たたか》いがどうしてもイメージできなかったのだ。

◆身長《しんちょう》が22倍《ばい》も違《ちが》う！

静《しず》かに目《め》を閉《と》じて二人《ふたり》の戦《たたか》いを想像《そうぞう》してみるが、う〜ん、大人《おとな》になったいまでも難《むずか》しいなあ。ウルトラマンは40m、仮面《かめん》ライダーは1・8m。身長差《しんちょうさ》は22倍《ばい》もあり、仮《かり》にウルトラマンを人間《にんげん》サイズとすると、ライダーはちょうどトノサマバッタほどだ。さすがはバッタの改造人間《かいぞうにんげん》！　妙《みょう》な偶然《ぐうぜん》に喜《よろこ》んでも、問題《もんだい》は解決《かいけつ》しない。この身長差《しんちょうさ》では、ウルトラマンが圧倒的《あっとうてき》に有利《ゆうり》だろう。彼《かれ》の弱点《じゃくてん》は3分間《ぷんかん》しか活動《かつどう》できないことだから、仮面《かめん》ライダーはそこを衝《つ》くしかない。たとえば、時速《じそく》400㎞のサイクロン号《ごう》で逃《に》げ回《まわ》り、3分経過《ぷんけいか》を待《ま》つ……とか。

ところが、怪獣図鑑《かいじゅうずかん》を調《しら》べてみると、ウルトラマンの走行速度《そうこうそくど》は時速《じそく》450㎞！　ぎょっ、ウルトラマンは走《はし》ってサイクロン号《ごう》に追《お》いつけるじゃん。これはいかんと仮面《かめん》ライダーがバイクを捨《す》て、得意《とくい》のジャンプ力《りょく》を活《い》かしてライダーキックを見舞《みま》おうとすると……？　仮面《かめん》ライダーのジャンプ力《りょく》は25m。せいぜいウルトラマンの胸《むね》くらいまでしか届《とど》かない。手《て》でペシャッと叩《たた》かれたら、悲《かな》しくもライダーはツブれてしまう……。

いや待《ま》て。こんなシミュレーションは面白《おもしろ》くもなんともない！　筆者《ひっしゃ》は子《こ》どもの頃《ころ》からウルトラ派《は》で、仮面《かめん》ライダーとの対戦《たいせん》でもウルトラマンが勝《か》つと主張《しゅちょう》していたが、巨体《きょたい》をいいことに勝《か》ってほしいわけではないのだ。

◆同《おな》じ身長《しんちょう》で戦《たたか》ったら？

よし、ここでは二人《ふたり》に正々堂々《せいせいどうどう》と戦《たたか》ってもらおう。ウルトラマンがライダーと同《おな》じ身長《しんちょう》1・8mになったと仮定《かてい》して、勝敗《しょうはい》の行方《ゆくえ》を占《うらな》うのだ。

この場合《ばあい》、ウルトラマンの体重《たいじゅう》はどうなるのか？　40mのときの体重《たいじゅう》は3万《まん》5千《せん》tだが、それが同《おな》じ体型《たいけい》で身長《しんちょう》1・8mに縮小《しゅくしょう》したとして計算《けいさん》すると……うげっ、3・2t！　体重《たいじゅう》70kgの仮面《かめん》ライダーの46倍《ばい》もある。ウルトラマンは異常《いじょう》に重《おも》いのだなあ。

ボクシングや柔道《じゅうどう》の試合《しあい》が体重別《たいじゅうべつ》で行《おこな》われることからもわかるように、格闘《かくとう》において体重《たいじゅう》はきわめて重要《じゅうよう》な要素《ようそ》だ。鍛《きた》え上《あ》げた選手《せんしゅ》なら、筋肉《きんにく》の量《りょう》は体重《たいじゅう》に比例《ひれい》するし、パンチやキックなども重《おも》いほうが破壊力《はかいりょく》も大《おお》きい。体重《たいじゅう》が重《おも》いと明《あき》らかに有利《ゆうり》なのである。

もちろん、改造人間《かいぞうにんげん》である仮面《かめん》ライダーは、並《な》みの腕力《わんりょく》ではない。かつて大流行《だいりゅうこう》した「仮面《かめん》ライダーカード」の解説《かいせつ》などから推定《すいてい》すると、ライダーはどうやら人間《にんげん》の50倍《ばい》くらいの腕力《わんりょく》を持《も》つらしい。それはすごい。普通《ふつう》の人間《にんげん》が30kgのバーベルを持《も》ち上《あ》げられるとしたら、仮面《かめん》ライダー

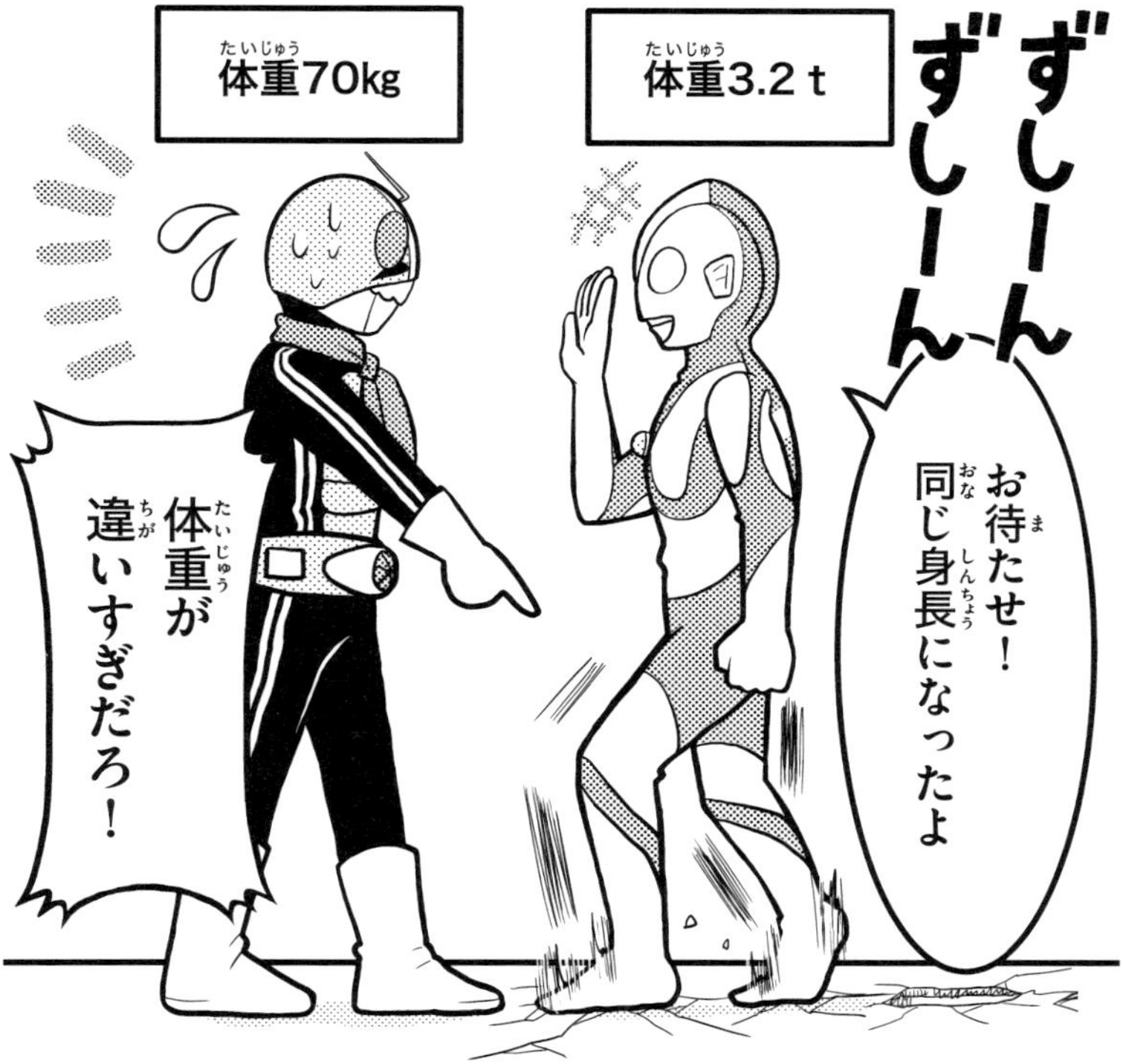

が持《も》ち上《あ》げられる重《おも》さは1・5tということだ。だが、これでは体重《たいじゅう》3・2tのウルトラマンに上《うえ》からのしかかられた場合《ばあい》、もがくだけで何《なに》もできない。そのまま負《ま》けてしまうのでは……。

◆勝敗《しょうはい》を決《けっ》する意外《いがい》なワザ！

あまりの体重差《たいじゅうさ》ゆえ、組《く》み合《あ》ったら敗北必至《はいぼくひっし》の仮面《かめん》ライダーは、もちろん接近戦《せっきんせん》を避《さ》けるだろう。得意《とくい》のジャンプ力《りょく》を活《い》かし、ライダーキックをぶちかますはずだ。

この必殺《ひっさつ》キックの威力《いりょく》はどれ

ほどなのか？　前述《ぜんじゅつ》の「仮面《かめん》ライダーカード」を調《しら》べたところ、その№《ナンバー》289がライダーキックをこう解説《かいせつ》していた。「せんしゃでも、いちげきで、はかいするつよさだ」。おお、それはものすごい。自衛隊《じえいたい》の90式戦車《しきせんしゃ》のボディを1m凹《へこ》ませる力《ちから》を計算《けいさん》すると、必要《ひつよう》な衝撃《しょうげき》は964t。ライダーキックの衝撃《しょうげき》はこれを上回《うわまわ》るということだ。

　ウルトラマンは、重《おも》いとはいえ体重《たいじゅう》3・2t。これで964tもの衝撃力《しょうげきりょく》を食《く》らったらひとたまりもないから、早《はや》めに決着《けっちゃく》をつけたいところだ。やはりスペシウム光線《こうせん》をしゅばばば〜と浴《あ》びせようとするに違《ちが》いない。

『週刊《しゅうかん》ウルトラマン　オフィシャルデータファイル』(デアゴスティーニ・ジャパン)第《だい》9号《ごう》によれば、スペシウム光線《こうせん》は50万《まん》℃の高熱《こうねつ》を発《はっ》し、50万馬力《まんばりき》の破壊力《はかいりょく》があるという。50万馬力《まんばりき》とは、なんと火力発電所並《かりょくはつでんしょな》み！　こんな光線《こうせん》が当《あ》たったら、仮面《かめん》ライダーといえども、命《いのち》の保証《ほしょう》はない。

　だが、ウルトラマンがスペシウム光線《こうせん》を発射《はっしゃ》するときには、体《からだ》の前《まえ》で両腕《りょううで》を十字《じゅうじ》に組《く》まなければならない。「これから撃《う》ちますよ」と敵《てき》にお知《し》らせするようなもので、これは戦術上《せんじゅつじょう》、重大《じゅうだい》な欠点《けってん》といえる。

　仮面《かめん》ライダーからすれば、その欠点《けってん》を衝《つ》きたい。ウルトラマンが両腕《りょううで》を十字《じゅうじ》に組《く》もうとした瞬《しゅん》間《かん》、敵《てき》の懐《ふところ》に素早《すばや》く飛《と》び込《こ》むべきだ。ウルトラマンの腕《うで》を押《お》さえつつ、いっそのこと抱《だ》きついてしまえば、もうスペシウム光線《こうせん》を撃《う》たれる心配《しんぱい》はない。しかし、ウルトラマンに抱《だ》きついたとして、その後《あと》どうする？　う～んう～ん、仮面《かめん》ライダーはこの状態《じょうたい》で、どんな攻撃《こうげき》を仕掛《しか》ければいいんだ？　彼《かれ》に超接近戦用《ちょうせっきんせんよう》のワザなんてないのでは……と思《おも》っていたら、あった！

それは、ライダークラッシャー。仮面《かめん》ライダーの顔《かお》の下半分《したはんぶん》には、バッタのそれらしき歯《は》が確《かく》認《にん》されるが、あれは本当《ほんとう》に歯《は》であり、噛《か》みつくことができるらしいのだ。もちろん、番組《ばんぐみ》では一《いち》度《ど》も噛《か》みついたことはない。ところが「仮面《かめん》ライダーカード」№《ナンバー》325にはちゃんと「ライダークラッシャー」の解説《かいせつ》が載《の》っており、それによると「地球上《ちきゅうじょう》のものならなんでもかみくだく」。どっしぇ～。何《なん》でも噛《か》み砕《くだ》く！　するとウルトラマンの手足《てあし》や顔《かお》も噛《か》み砕《くだ》いてしまうのか!?

これは意外《いがい》な展開《てんかい》になってきた。最初《さいしょ》はウルトラマンが圧倒的《あっとうてき》に有利《ゆうり》かと思《おも》っていたのだが、なんだか大《だい》ピンチになってきたぞ。ウルトラマンの無敵《むてき》を信《しん》じる筆者《ひっしゃ》としては、ライダークラッシャーの「地球上《ちきゅうじょう》のものならなんでもかみくだく」の「地球上《ちきゅうじょう》のもの」に、M78星雲《せいうん》からやってきたウルトラマンの体《からだ》が含《ふく》まれないことを祈《いの》るばかりである。

それにしても日本《にほん》を代表《だいひょう》する二大空想科学《にだいくうそうかがく》ヒーローの勝負《しょうぶ》のポイントが、まさか「噛《か》みつき」とは……！　世《よ》の中《なか》、意外《いがい》なことだらけですなあ。

とっても気《き》になるマンガの疑問《ぎもん》

新版《しんばん》『バビル2世《せい》』のアメリカ国務長官《こくむちょうかん》は10人《にん》と同時《どうじ》に話《はな》せるとか。そんなコト可能《かのう》ですか？

ここ数年《すうねん》、かつての名作《めいさく》がリメイクされることが多《おお》く、喜《よろこ》んだり、悲《かな》しんだりしている。『宇《う》宙戦艦《ちゅうせんかん》ヤマト2199』のように、旧作《きゅうさく》の世界観《せかいかん》やムードを大事《だいじ》にしながら、新《あたら》しい要素《ようそ》を加《くわ》えてくれると万々歳《ばんばんざい》なのだが、どの作品《さくひん》がとは言《い》いませんけど、見《み》る影《かげ》もなく変《か》わっていたりすると、モーレツにガッカリしてしまう……。

さて、1970年代《ねんだい》の名作《めいさく》『バビル2世《せい》』が、続編《ぞくへん》の形《かたち》でリメイクされたのが『バビル2世《せい》 ザ・リターナー』である。かつての『バビル2世《せい》』は、超能力少年《ちょうのうりょくしょうねん》バビル2世《せい》が、ロデム・ロプロス・ポセイドンという「3つのしもべ」を従《したが》えて、悪《あく》の超能力者《ちょうのうりょくしゃ》ヨミと戦《たたか》う物語《ものがたり》で、毎週《まいしゅう》ワクワクしたものだ。『バビル2世《せい》ザ・リターナー』も、主人公《しゅじんこう》はもちろんバビル2世《せい》で、3つのしもべも健在《けんざい》なんだけど、うーん、絵《え》がかっこよすぎて、なんだか筆者《ひっしゃ》の知《し》っている『バビル2世《せい》』とは違《ちが》うような……。しかも今度《こんど》の敵《てき》は、ええっ、アメリカ合衆国《がっしゅうこく》!?

うーんうーん、微妙《びみょう》だよぉ、と思《おも》いながらマンガを読《よ》んでいると、ややっ、科学的《かがくてき》に気《き》になる発言《はつげん》を発見《はっけん》。敵《てき》の司令官《しれいかん》であるクリス・サンダー国務長官《こくむちょうかん》が、敵対《てきたい》する意向《いこう》を隠《かく》して来日《らいにち》したとき、テレビのニュースキャスターが、この女性国務長官《じょせいこくむちょうかん》を次《つぎ》のように紹介《しょうかい》していたのだ。

「マサチューセッツ工科大学《こうかだいがく》を首席《しゅせき》で卒業《そつぎょう》しＩＱは１８０とも２００とも言《い》われる才女《さいじょ》で、10人《にん》の人《ひと》と一度《いちど》に会話《かいわ》が出来《でき》るそうです」

ええっ、10人《にん》と会話《かいわ》!? 作中《さくちゅう》でクリスが実際《じっさい》にそうするシーンは出《で》てこないのだが、本当《ほんとう》に10人《にん》と同時《どうじ》に会話《かいわ》できるとしたら、それはどれほどスゴいことなのか!?

◆聖徳太子《しょうとくたいし》に挑戦《ちょうせん》する実験《じっけん》

10人《にん》の人《ひと》から同時《どうじ》に話《はなし》を聞《き》く。このエピソードから、まず思《おも》い浮《う》かぶのは聖徳太子《しょうとくたいし》であろう。聖徳太子《しょうとくたいし》は10人《にん》の訴《うった》えを同時《どうじ》に聞《き》いて、全員《ぜんいん》に的確《てきかく》に答《こた》えたという。

そんなことが本当《ほんとう》にできるのか？ そこで本書《ほんしょ》の編集部《へんしゅうぶ》にお邪魔《じゃま》して、実験《じっけん》してみた。実験《じっけん》に参加《さんか》したのは、若《わか》い編集者男女一人《へんしゅうしゃだんじょひとり》ずつ、空想科学研究所《くうそうかがくけんきゅうじょ》の秘書《ひしょ》(女性《じょせい》)、筆者《ひっしゃ》(男性《だんせい》)の4人《にん》と、被験者《ひけんしゃ》である本書担当《ほんしょたんとう》の編集者《へんしゅうしゃ》・近藤隆史《こんどうたかし》くん。4人《にん》がバラバラな単語《たんご》を同時《どうじ》に発声《はっせい》し、近藤《こんどう》くんが聞《き》き分《わ》けられるかどうかを試《ため》してみた。

1回目《かいめ》。近藤《こんどう》くんは鳩《はと》が豆鉄砲《まめでっぽう》を食《く》ったような顔《かお》で「……まったくわからん」。われわれ4人《にん》は、事前《じぜん》の打《う》ち合《あ》わせもなく「干《ほ》し柿《がき》」「入学《にゅうがく》」「埼玉県《さいたまけん》」「アルゼンチン」と言《い》ったのだが、近藤《こんどう》くんの耳《みみ》には、これらを仮名《かな》にして重《かさ》ね刷《ず》りした「[illegible]」のように聞《き》こえたのだろう(印刷《いんさつ》ミスではありません。「ほしがき」「にゅうがく」「さいたまけん」「アルゼンチン」を重《かさ》ねて印刷《いんさつ》するとこうなるのだ)。

同《おな》じ言葉《ことば》で、2回目《かいめ》。近藤《こんどう》くんは「誰《だれ》かが『ニンジン』と言《い》った!」。言《い》ってません。たぶん「入学《にゅうがく》」の「に」と「アルゼンチン」の「ンチン」を、頭《あたま》のなかで勝手《かって》につないだだけ。

などなど、同様《どうよう》の実験《じっけん》を何度《なんど》もしつこく繰《く》り返《かえ》した結果《けっか》、次《つぎ》のようなことがわかった。

①同時《どうじ》に聞《き》き分《わ》けられるのは3人《にん》が限界《げんかい》。

②同性《どうせい》の声《こえ》は混同《こんどう》しやすい。

③誰《だれ》も言《い》っていない言葉《ことば》が頭《あたま》のなかで聞《き》こえてしまうことがある。

これらの困難《こんなん》をものともせず、10人《にん》の話《はなし》を聞《き》き分《わ》けた聖徳太子《しょうとくたいし》は、やはりただ者《もの》ではない。近藤《こんどう》くんはただ者《もの》だけど。

だが、クリス国務長官《こくむちょうかん》は、その聖徳太子《しょうとくたいし》のはるか上《うえ》を行《い》く。太子《たいし》が10人《にん》の話《はなし》を聞《き》いただけなのに対《たい》し、彼女《かのじょ》は10人《にん》と「会話《かいわ》」ができるというのだから。

クリスとはいったい、どんな人《ひと》なのか。実《じつ》は、コミックス4巻《かん》で、衝撃《しょうげき》の事実《じじつ》が明《あき》らかになる。彼女《かのじょ》はなんと、ゼータ連星《れんせい》から来《き》た宇宙人《うちゅうじん》だったというのだ……！

◆10人《にん》と会話《かいわ》ができない理由《りゆう》

アメリカの国務長官《こくむちょうかん》って、宇宙人《うちゅうじん》でもなれるのか!? という新《あら》たな疑問《ぎもん》も生《う》まれたが、いまそれを論《ろん》じているヒマはない。問題《もんだい》は、10人《にん》と同時《どうじ》に会話《かいわ》できるクリスの能力《のうりょく》だ。ゼータ連星人《れんせいじん》の脳《のう》は、いったいどんな構造《こうぞう》になっているのか。

地球人《ちきゅうじん》は、左脳《さのう》にある「ウィルニケ領野《りょうや》」で言葉《ことば》の意味《いみ》を理解《りかい》する。また、やはり左脳《さのう》にある「ブローカ領野《りょうや》」で、話《はな》したり書《か》いたりするための筋肉《きんにく》の動《うご》きを調節《ちょうせつ》する。

前述《ぜんじゅつ》の実験《じっけん》からもわかるとおり、一般的《いっぱんてき》な地球人《ちきゅうじん》のウィルニケ領野《りょうや》は、同時《どうじ》に3つの言葉《ことば》を理《り》解《かい》するのが限界《げんかい》のようだ。それに対《たい》して、ゼータ連星人《れんせいじん》のウィルニケ領野《りょうや》、もしくはそれに当《あ》たる部位《ぶい》は同時《どうじ》に10の言葉《ことば》を理解《りかい》できるか、ウィルニケ領野《りょうや》が3つぐらいあるのだろう。

では、言葉《ことば》や文字《もじ》を表現《ひょうげん》するときに使《つか》うブローカ領野《りょうや》は?

これについては編集部《へんしゅうぶ》で実験《じっけん》しなかったので、筆者《ひっしゃ》がここでやってみよう。『アンパンマンのマーチ』を歌《うた》いながら『ウルトラマンの歌《うた》』の歌詞《かし》を書《か》いてみると……おお、なんとか可能《かのう》だ。また筆者《ひっしゃ》の後輩《こうはい》には、パソコンで文章《ぶんしょう》を入力《にゅうりょく》しながら電話《でんわ》の応対《おうたい》を難《なん》なくこなす男《おとこ》もいる。つまり、地球人《ちきゅうじん》のブローカ領野《りょうや》も、同時《どうじ》にいくつかの言葉《ことば》を発信《はっしん》できるようだ。

対《たい》するゼータ連星人《れんせいじん》のブローカ領野《りょうや》はさらに優秀《ゆうしゅう》で……と、筆者自身《ひっしゃじしん》のブローカ領野《りょうや》が発動《はつどう》しかけて、はたと気《き》づいた。ゼータ連星人《れんせいじん》のブローカ領野《りょうや》がどんなに優秀《ゆうしゅう》でも、同時《どうじ》に10人《にん》と会話《かいわ》するのは容易《ようい》なことではあるまい。なぜなら、地球人《ちきゅうじん》の姿《すがた》をしたクリス国務《こくむ》長官《ちょうかん》には、言葉《ことば》を発《はっ》する器官《きかん》、すなわち口《くち》が一《ひと》つしかないからだ！

◆そんなコト言《い》ってません

一《ひと》つしかない口《くち》で同時《どうじ》に10人《にん》と会話《かいわ》するために、クリス長官《ちょうかん》はどんなテクニックを使《つか》っているのだろうか？

話《はなし》を簡略化《かんりゃくか》するために、クリスが3人《にん》の日本人《にほんじん》と日本語《にほんご》で会話《かいわ》するケースを考《かんが》えてみよう。たとえばクリスが、それぞれに次《つぎ》のように言《い》おうとしたとする。

1人目《ひとりめ》に「いい本《ほん》とは」

2人目《ふたりめ》に「ところで奥《おく》さまは？」

3人目《にんめ》に「舌《した》が肥《こ》えていますね」

これらの言葉《ことば》を順番《じゅんばん》に発声《はっせい》したのでは、3人《にん》と同時《どうじ》に会話《かいわ》したとは言《い》えないだろう。だからといって、1文字《もじ》ずつ飛《と》び飛《と》びに言《い》うと「いとし　いこた　ほろが　んでこ」となり、聞《き》いているほうは、何《なん》のことやらわからない。

そこで、少《すこ》しでも意味《いみ》が通《つう》じるように、1文節《ぶんせつ》ずつ振《ふ》り分《わ》けて言《い》ったとしよう。すると今度《こんど》は「いい　ところで　舌《した》が　本《ほん》とは　奥《おく》さまは　肥《こ》えて　いますね」となり、相手《あいて》には「いいところでしたが、ホントは奥《おく》さまは肥《こ》えていますね」と聞《き》こえるだろう。それは誤解《ごかい》です、奥《おく》さま！

こんな悲劇《ひげき》を招《まね》くのは、人間《にんげん》の口《くち》が一度《いちど》に一《ひと》つの音《おと》しか出《だ》せないからだ。ということは、ひょっとしたらゼータ連星人《れんせいじん》は、一度《いちど》に10の音《おと》が出《だ》せるのか？

その場合《ばあい》、相手《あいて》にとってクリスの話《はなし》は、10人《にん》が同時《どうじ》にしゃべるのとまったく同《おな》じことになる。そのなかから、自分《じぶん》に向《む》けられた声《こえ》だけを聞《き》き取《と》るのは、近藤《こんどう》くんが苦労《くろう》したように、とっても大変《たいへん》。聞《き》く側《がわ》に意味《いみ》が通《つう》じなければ、結局《けっきょく》、会話《かいわ》になりません！

10人《にん》と同時《どうじ》に会話《かいわ》をする能力《のうりょく》を持《も》つクリス国務長官《こくむちょうかん》が、実際《じっさい》に10人《にん》と会話《かいわ》できるのは、相手《あいて》が自分《じぶん》と同《おな》じ能力《のうりょく》をもっているときだけ。彼女《かのじょ》には故郷《こきょう》のゼータ連星《れんせい》に帰《かえ》って、思《おも》う存分会話《ぞんぶんかいわ》していただきたい。

とっても気《き》になるマンガの疑問《ぎもん》

『テニスの王子様《おうじさま》』菊丸《きくまる》の一人《ひとり》ダブルスは、実現可能《じつげんかのう》でしょうか？

これはシングルスの試合《しあい》だぞ…
一人《ひとり》だよ

『テニスの王子様《おうじさま》』は、驚《おどろ》きのプレーが次々《つぎつぎ》に繰《く》り広《ひろ》げられるテニスマンガだ。科学的《かがくてき》に検証《けんしょう》したいシーンはいっぱいあるが、今回《こんかい》は青春学園中等部《せいしゅんがくえんちゅうとうぶ》3年《ねん》・菊丸英二《きくまるえいじ》の「一人《ひとり》ダブルス」を取《と》り上《あ》げよう。これはもう、ひっくり返《かえ》るほどすごいワザである。

一人《ひとり》なのに、なぜダブルス？　と不審《ふしん》に思《おも》う方《かた》のために、詳《くわ》しく説明《せつめい》しよう。青春学園《せいしゅんがくえん》は全国《ぜんこく》大会《たいかい》に出場《しゅつじょう》し、沖縄代表《おきなわだいひょう》の比嘉中《ひがちゅう》と対戦《たいせん》した。菊丸《きくまる》は本来《ほんらい》、ダブルス専門《せんもん》の選手《せんしゅ》だったが、パートナーの大石秀一郎《おおいししゅういちろう》がケガで出場《しゅつじょう》できなくなったため、シングルスの試合《しあい》に出場《しゅつじょう》していた。

序盤《じょばん》はリードしていた菊丸《きくまる》だが、相手《あいて》も実力《じつりょく》を発揮《はっき》し始《はじ》め、4―4と追《お》いつかれてしまう。すると菊丸《きくまる》は「やっぱ駄目《だめ》かぁ…シングルスじゃ」「ならダブルスでいくよ」と言《い》うなり、いきなり二人《ふたり》に分身《ぶんしん》したのだ！

「会場《かいじょう》にいる誰《だれ》もが目《め》を疑《うたが》う。そこには信《しん》じられない光景《こうけい》があった……」と作中《さくちゅう》のナレーションも驚《おどろ》いていたが、いやもうホントに信《しん》じられません。ネット近《ちか》くで構《かま》える菊丸《きくまる》の後方《こうほう》で、もう一人《ひとり》の菊丸《きくまる》がサーブの体勢《たいせい》に入《はい》っているのだから。これは確《たし》かに、一人《ひとり》でもダブルスと呼《よ》ぶしかないだろう。いったいどうすれば、こんなことができるのだろうか？

◆分身《ぶんしん》の原理《げんり》とは？

「分身《ぶんしん》」といえば、その原点《げんてん》は忍者《にんじゃ》マンガにある。

白土三平《しらとさんぺい》の名作《めいさく》『サスケ』では、少年忍者《しょうねんにんじゃ》サスケに、父親《ちちおや》が忍法《にんぽう》「影分身《かげぶんしん》」の原理《げんり》について、こう説明《せつめい》していた。「半秒《はんびょう》と同《おな》じ場所《ばしょ》にとどまらないほど素早《すばや》く動《うご》けば、敵《てき》の目《め》には何人《なんにん》もの自分《じぶん》がいるように見《み》える」。説明《せつめい》しながら父《ちち》が指《ゆび》さしたのは、枝《えだ》を飛《と》び移《うつ》るシジュウカラ。サスケの目《め》には何羽《なんわ》にも見《み》えていたが、実際《じっさい》には2羽《わ》しかいなかった。絶《た》え間《ま》なく枝《えだ》から枝《えだ》に飛《と》び移《うつ》ることで、２羽《わ》が何羽《なんわ》にも見《み》えていたのだ。

この理論《りろん》に沿《そ》って考《かんが》えれば、人間《にんげん》も、目《め》にも留《と》まらぬ速《はや》さで走《はし》り、シジュウカラが枝《えだ》に止《と》まるようにピタリと止《と》まり、また猛《もう》スピードで走《はし》ってピタリと止《と》まり……を繰《く》り返《かえ》せば、分身《ぶんしん》できるはずである。だがそれは、現実《げんじつ》に起《お》こることなのか？

青空《あおぞら》やテレビの画面《がめん》に向《む》かって「バイバイ」をするように手《て》を振《ふ》ってみよう。指《ゆび》が何本《なんぼん》にも見《み》えるはずだ。これは「残像《ざんぞう》」による現象《げんしょう》。バイバイをする手《て》は、折《お》り返《かえ》すときに一瞬《いっしゅん》だけ止《と》まるが、その映像《えいぞう》が目《め》の網膜《もうまく》にしばらく残《のこ》るため、左《ひだり》で折《お》り返《かえ》す手《て》の形《かたち》と、右《みぎ》で折《お》り返《かえ》す手《て》の形《かたち》が、同時《どうじ》に見《み》える。これが残像《ざんぞう》で、指《ゆび》は最大《さいだい》10本《ぽん》に見《み》えることになる。

人間《にんげん》の目《め》に残像《ざんぞう》が残《のこ》る時間《じかん》は、0・1秒《びょう》といわれる。すると菊丸《きくまる》も「A地点《ちてん》から超高速《ちょうこうそく》でB地《ち》点《てん》へ走《はし》り、折《お》り返《かえ》して0・1秒以内《びょういない》にA地点《ちてん》に戻《もど》る」という運動《うんどう》を繰《く》り返《かえ》せば、動《うご》きが一瞬《いっしゅん》止《と》まったA地点《ちてん》とB地点《ちてん》での残像《ざんぞう》が、見《み》る者《もの》の網膜《もうまく》に残《のこ》るはずだ。つまり、菊丸《きくまる》という一人《ひとり》の人間《にんげん》が、同時《どうじ》に二《ふた》つの地点《ちてん》にいるように見《み》える！

と、原理《げんり》を書《か》くのは簡単《かんたん》だが、実行《じっこう》するのは大変《たいへん》だろう。二《ふた》つの地点《ちてん》を0・1秒《びょう》で1往復《おうふく》ということは、1秒間《びょうかん》に10往復《おうふく》もしなければならないのだから。

そして、菊丸《きくまる》が立《た》っていたのは、テニスコートの前衛《ぜんえい》と後衛《こうえい》の位置《いち》。シングルスコートの図面《ずめん》で測《はか》ると、距離《きょり》は10mほどもある。つまり、10m離《はな》れた地点《ちてん》を1秒《びょう》に10往復《おうふく》！

これを実行《じっこう》するのに必要《ひつよう》なスピードは、時速《じそく》720㎞だ。なんと東海道新幹線《とうかいどうしんかんせん》の2・7倍《ばい》の速《はや》さであり、もうまったく人間《にんげん》ワザとは思《おも》えません。

◆一瞬《いっしゅん》たりとも休《やす》めない！

これほどの俊足《しゅんそく》があれば、普通《ふつう》にシングルスで戦《たたか》っても充分《じゅうぶん》に勝《か》てただろう。テニスのサーブの最高速度《さいこうそくど》は時速《じそく》250㎞ほどだが、菊丸《きくまる》の走《はし》る速度《そくど》は時速《じそく》720㎞。ボールの3倍《ばい》ほど速《はや》く走《はし》れるのだ。どんな球《たま》にだって追《お》いつけるに違《ちが》いない。

だが、菊丸《きくまる》は、その奇跡《きせき》の足《あし》をプレーのためではなく、分身《ぶんしん》のために使《つか》ってしまっている。これは菊丸《きくまる》にとって、大《おお》きな負担《ふたん》になったと思《おも》われる。

たとえば、後衛《こうえい》の菊丸《きくまる》がサーブを打《う》つとしよう。普通《ふつう》だったらボールを投《な》げ上《あ》げ、それをラケットで打《う》って相手《あいて》のコートに入《い》れることに集中《しゅうちゅう》すればよい。だが菊丸《きくまる》にそんなラクをすることは許《ゆる》されない。サーブを打《う》つ彼《かれ》の前方《ぜんぽう》には、もう一人《ひとり》の自分《じぶん》が存在《そんざい》しなければならないのだ。

ボールを投《な》げ上《あ》げるあいだにも前衛《ぜんえい》との往復《おうふく》を繰《く》り返《かえ》し、ラケットを振《ふ》り下《お》ろすあいだにも前《ぜん》衛《えい》との往復《おうふく》を繰《く》り返《かえ》し……。サーブというものは、コート内《ない》を行《い》ったり来《き》たりしながら打《う》てるのか甚《はなは》だ疑問《ぎもん》だが、いずれにしても試合中《しあいちゅう》ずっと、前衛《ぜんえい》と後衛《こうえい》を往復《おうふく》し続《つづ》けなければならないのだ。

もちろん、一瞬《いっしゅん》も休《やす》めない。

　これを続《つづ》けると、菊丸《きくまる》は試合《しあい》中《ちゅう》にとんでもない距離《きょり》を走《はし》ることになる。作中《さくちゅう》、この試合《しあい》は接《せっ》戦《せん》となってタイブレークに突入《とつにゅう》し、分身《ぶんしん》してからの打《う》ち合《あ》いは６ゲーム分《ぶん》に及《およ》んだ。プロテニスの試合《しあい》で測定《そくてい》すると、１ゲームあたりの平均所要時間《へいきんしょようじかん》は５分《ふん》20秒《びょう》。それが６ゲーム分《ぶん》だと１９２０秒《びょう》。

　この間《かん》、彼《かれ》が時速《じそく》７２０kmで走《はし》り続《つづ》けたとすれば、走《はし》った距《きょ》離《り》はトータル３８４km。フルマラソン９レース分《ぶん》であり、東京《とうきょう》から線路《せんろ》に沿《そ》って名古屋《なごや》の先《さき》まで走《はし》ったのと同《おな》じ！　あまりに過酷《かこく》な一人《ひとり》ダブルスだ。

◆パートナーの大石《おおいし》くんにお願《ねが》い

なぜ菊丸《きくまる》は、こんな苦労《くろう》をしてまでダブルスにこだわったのか。前述《ぜんじゅつ》のとおり、俊足《しゅんそく》を活《い》かしてシングルスで戦《たたか》えば、間違《まちが》いなく楽勝《らくしょう》していたはずなのに……。

そもそもダブルスのメリットといえば、自分《じぶん》が取《と》れないボールをパートナーが拾《ひろ》ってくれることだろう。しかし一人《ひとり》ダブルスでは、自分《じぶん》が取《と》れないボールを拾《ひろ》うのも自分《じぶん》。どう考《かんが》えても、ムダな動《うご》きをしなくて済《す》む分《ぶん》だけ、シングルスで戦《たたか》ったほうが有利《ゆうり》なはずだ。

ひょっとしたら、ダブルスのほうが心強《こころづよ》いというメンタル面《めん》での効果《こうか》が大《おお》きかったのか。しかし、残像《ざんぞう》はその場《ば》に残《のこ》るものではなく、見《み》ている人《ひと》の網膜《もうまく》に残《のこ》るものだ。相手《あいて》や観客《かんきゃく》の目《め》には二人《ふたり》に見《み》えても、菊丸《きくまる》には自分《じぶん》が二人《ふたり》に見《み》えるわけではない。つまり、一人《ひとり》ダブルスと言《い》いながら、自分《じぶん》にとってはモーレツに忙《いそが》しいだけで、やっぱりシングルスの試合《しあい》。これは悲《かな》しい！

このように、一人《ひとり》ダブルスは労多《ろうおお》くして功少《こうすく》ないワザである。それでも一人《ひとり》ダブルスに燃《も》える、菊丸《きくまる》くんのけなげなダブルス愛《あい》！　これは、ただごとではない。パートナーの大石《おおいし》くんは早《はや》くケガを治《なお》して、菊丸《きくまる》くんに普通《ふつう》のダブルスをやらせてあげよう。

とっても気《き》になる特撮《とくさつ》の疑問《ぎもん》

『救急戦隊《きゅうきゅうせんたい》ゴーゴーファイブ』の超巨大《ちょうきょだい》な車《くるま》が走《はし》ると、道路《どうろ》が壊《こわ》れませんか？

１９７５年《ねん》に始《はじ》まった戦隊《せんたい》シリーズは、本稿執筆時点《ほんこうしっぴつじてん》で放送中《ほうそうちゅう》の『動物戦隊《どうぶつせんたい》ジュウオウジャー』で、実《じつ》に40代目《だいめ》。ほぼ年《ねん》に1隊《たい》ずつ新《あら》たなヒーロー集団《しゅうだん》が生《う》まれては去《さ》り、今日《こんにち》に至《いた》っている。問題《もんだい》の『救急戦隊《きゅうきゅうせんたい》ゴーゴーファイブ』は23代目《だいめ》。「人《ひと》の命《いのち》は地球《ちきゅう》の未来《みらい》！」をモットーに、ただの一般市民《いっぱんしみん》にすぎない一家《いっか》５人《にん》が、人材《じんざい》も資金《しきん》も提供《ていきょう》して地球《ちきゅう》を守《まも》るというスーパーボランティアな戦隊《せんたい》だった。

ここで考《かんが》えたいのは、彼《かれ》らが保有《ほゆう》する４台《だい》の特殊車両《とくしゅしゃりょう》があまりにデカいこと。いずれも全長《ぜんちょう》30m前後《ぜんご》、重量《じゅうりょう》１６００t前後《ぜんご》という巨大《きょだい》さだったのだ。いくら正義《せいぎ》のためとはいえ、こんなモノが街《まち》なかに緊急出動《きんきゅうしゅつどう》しちゃって大丈夫《だいじょうぶ》なのか？

◆そんな救急車《きゅうきゅうしゃ》はイヤだ

４台《だい》の特殊車両《とくしゅしゃりょう》とは、はしご消防車《しょうぼうしゃ》レッドラダー、化学消防車《かがくしょうぼうしゃ》ブルースローワー、巨大装甲車《きょだいそうこうしゃ》イエローアーマー、救急車《きゅうきゅうしゃ》ピンクエイダー。これに垂直離着陸機《すいちょくりちゃくりくき》グリーンホバーを加《くわ》えた５台《だい》が、救急戦隊《きゅうきゅうせんたい》の普段《ふだん》の乗《の》り物《もの》「99《キューキュー》マシン」だ。前述《ぜんじゅつ》のとおり、それらの全長《ぜんちょう》は30ｍ前後《ぜんご》、重量《じゅうりょう》は１６００ｔ前後《ぜんご》、最高速度《さいこうそくど》は時速《じそく》７００㎞前後《ぜんご》。デカい！　そして速《はや》い！

はしご車《しゃ》や装甲車《そうこうしゃ》がデカければ、確《たし》かにいいこともあるだろう。ここで問題《もんだい》にしたいのは、救《きゅう》急車《きゅうしゃ》のピンクエイダーだ。

その全長《ぜんちょう》は27・４ｍ、全幅《ぜんぷく》10・９ｍ、全高《ぜんこう》11・６ｍ、重量《じゅうりょう》１６００ｔ、速度《そくど》は時速《じそく》７２０㎞。救急車《きゅうきゅうしゃ》がここまで巨大《きょだい》な必要《ひつよう》はあるのだろうか。

現実《げんじつ》の救急車《きゅうきゅうしゃ》と比《くら》べてみよう。たとえば東京消防庁《とうきょうしょうぼうちょう》は７車種《しゃしゅ》の高規格救急車《こうきかくきゅうきゅうしゃ》を保有《ほゆう》しているが、そのうち最大《さいだい》のものはフォードＥ３５０Ｒ。全長《ぜんちょう》６ｍ、乗《の》せられる患者《かんじゃ》は一人《ひとり》だ。ピンクエイダーの全長《ぜんちょう》はその４・６倍《ばい》だから、車内空間《しゃないくうかん》は４・６×４・６×４・６＝97倍《ばい》ほどあるはず。つまりピンクエイダーは、97人《にん》の患者《かんじゃ》を乗《の》せられるほどの大《おお》きさということになる。

だが、同時《どうじ》に97人《にん》もの患者《かんじゃ》が発生《はっせい》する事故《じこ》など、そうは起《お》こらない。起《お》きたとしても、それだけの患者《かんじゃ》を一度《いちど》に受《う》け入《い》れられる病院《びょういん》はたぶんないから、あっちこっちの病院《びょういん》を回《まわ》って、患者《かんじゃ》を配達《はいたつ》して回《まわ》らなければならない。もし一《ひと》つの病院《びょういん》で一人《ひとり》の患者《かんじゃ》しか受《う》け入《い》れてくれなかったら、最後《さいご》の97人目《にんめ》は96の病院《びょういん》をタライ回《まわ》しにされたも同然《どうぜん》。こんな救急車《きゅうきゅうしゃ》に乗《の》せられたら、助《たす》かる命《いのち》も助《たす》からなくなる。

いや、でも、その点《てん》は大丈夫《だいじょうぶ》。ピンクエイダーは別名《べつめい》「走《はし》る病院《びょういん》」とも呼《よ》ばれ、緊急治療室《きんきゅうちりょうしつ》を装備《そうび》しているのだ。一度《いちど》に治療《ちりょう》できる患者《かんじゃ》は80人《にん》だという。なんとデカいだけでなく、治療《ちりょう》もできる！　だったら、病院《びょういん》のタライ回《まわ》し問題《もんだい》など起《お》こるまいから安心《あんしん》ですなあ。

しかし、大事《だいじ》なことを忘《わす》れてはならない。99《キューキュー》マシンは合体《がったい》して身長《しんちょう》55mのビクトリーロボになる。ピンクエイダーはその1パーツとして、車体《しゃたい》が垂直《すいちょく》に立《た》ち上《あ》がり、ビクトリーロボの右足《みぎあし》に変形《へんけい》するのだ。もし、患者《かんじゃ》を緊急治療中《きんきゅうちりょうちゅう》に、床《ゆか》がいきなり垂直《すいちょく》になって、ロボの歩行《ほこう》に合《あ》わせてズシンズシン上下動《じょうげどう》を始《はじ》めたら……。まことに残念《ざんねん》ながら、患者《かんじゃ》のご冥福《めいふく》を祈《いの》るしかありません。

◆巨大救急車《きょだいきゅうきゅうしゃ》が道路《どうろ》を逆走《ぎゃくそう》！

救急車《きゅうきゅうしゃ》としての役割以前《やくわりいぜん》に、ピンクエイダーは道路《どうろ》を走《はし》るだけで問題《もんだい》が発生《はっせい》する。もちろん、デカすぎて、速《はや》すぎるからだ。

国土交通省《こくどこうつうしょう》の保安基準《ほあんきじゅん》では、公道《こうどう》を走《はし》れる車両《しゃりょう》は全長《ぜんちょう》12m以下《いか》、全幅《ぜんぷく》2・5m以下《いか》、全高《ぜんこう》3・8m以下《いか》、重量《じゅうりょう》20t以下《いか》と定《さだ》められている。このうちどれか1項目《こうもく》でもオーバーすると、国土交《こくどこう》通大臣《つうだいじん》や都道府県知事《とどうふけんちじ》の許可《きょか》がないかぎり、公道《こうどう》を走《はし》ることは許《ゆる》されない。

では、われらがピンクエイダーはどうか。全長《ぜんちょう》は27・4mで2倍《ばい》もオーバー、全幅《ぜんぷく》10・9mは4倍《ばい》オーバー、全高《ぜんこう》11・6mは3倍《ばい》オーバー、重量《じゅうりょう》1600tは80倍《ばい》オーバー！　どの項目《こうもく》も一《ひと》つとしてクリアしていない。保安基準《ほあんきじゅん》を根底《こんてい》から無視《むし》しているわけで、走《はし》る病院《びょういん》どころか、走《はし》る法律違反《ほうりついはん》だ。このままでは走《はし》る交通刑務所《こうつうけいむしょ》にもなりかねない。

いや、国土交通大臣《こくどこうつうだいじん》や都道府県知事《とどうふけんちじ》も、ゴーゴーファイブの崇高《すうこう》な理念《りねん》に共鳴《きょうめい》し、法律違反《ほうりついはん》を大目《おおめ》に見《み》てくれるかもしれないではないか。

しかし、そうなったらなったで、問題《もんだい》はさらに拡大《かくだい》する。

都市部《としぶ》の道路《どうろ》は、1車線《しゃせん》あたりの幅《はば》が3・5mのものが多《おお》い。全幅《ぜんぷく》10・9mのピンクエイダーは、3車線分《しゃせんぶん》を完全《かんぜん》に占拠《せんきょ》して走行《そうこう》することになる。一般的《いっぱんてき》な国道《こくどう》は片側《かたがわ》2車線《しゃせん》だから、その場合《ばあい》は反対車線《はんたいしゃせん》に1車線分《しゃせんぶん》ハミ出《だ》して走《はし》るわけだ。反対車線側《はんたいしゃせんがわ》から見《み》れば、とんでもなくデカい車《くるま》が1車線分《しゃせんぶん》ハミ出《だ》したまま逆走《ぎゃくそう》してくることになる。しかも、時速《じそく》720㎞で。これはもう、間《ま》

違《ちが》いなく危険《きけん》がアブない！
　片側《かたがわ》1車線《しゃせん》の一般道路《いっぱんどうろ》なら、さらに悲惨《ひさん》だ。ピンクエイダーは車体《しゃたい》の左右《さゆう》を道路《どうろ》そのものからハミ出《だ》させて、沿道《えんどう》の民家《みんか》やビルを押《お》しひしぎながら突《つ》っ走《ぱし》る。この爆走《ばくそう》によって、時速《じそく》720㎞でぶっ飛《と》ばされた瓦礫《がれき》、樹木《じゅもく》、人《ひと》や動物《どうぶつ》などが、広《ひろ》い地《ち》域《いき》に降《ふ》り注《そそ》ぐだろう。たった10分走《ぷんはし》っただけで、被災地域《ひさいちいき》は全《ぜん》長《ちょう》120㎞。ピンクエイダーの出動《しゅつどう》で、新《あら》たなケガ人《にん》が続出《ぞくしゅつ》だ！
　ピンクエイダーの災厄《さいやく》から逃《のが》

れられる唯一《ゆいいつ》の可能性《かのうせい》は、巨大《きょだい》な車体《しゃたい》の下《した》に潜《もぐ》り込《こ》んでやり過《す》ごすことだ。実《じつ》は番組《ばんぐみ》でもそのような場面《ばめん》があった。ところが『救急戦隊《きゅうきゅうせんたい》ゴーゴーファイブひみつ大図鑑《だいずかん》』（講談社《こうだんしゃ》）の写真《しゃしん》で測《はか》ってみると、車体《しゃたい》の底《そこ》から路面《ろめん》までは1・5mほどの隙間《すきま》しかない。これでは、潜《もぐ》って助《たす》かるのはシャコタンにした改造車《かいぞうしゃ》くらいだろう。善良《ぜんりょう》な一般《いっぱん》市民《しみん》のノーマルな車《くるま》は、正義《せいぎ》の救急車《きゅうきゅうしゃ》のエジキになってしまう。

◆道路《どうろ》が壊《こわ》れないか？

そもそも1600tもの車重《しゃじゅう》に、道路《どうろ》そのものは耐《た》えられるのか？

アスファルトの道路《どうろ》は、1㎠あたり30kgの重《おも》さに耐《た》えられるように設計《せっけい》されている。知人《ちじん》の乗《じょう》用車《ようしゃ》で測《はか》ると、タイヤの直径《ちょっけい》は65㎝で、路面《ろめん》と接《せっ》する面積《めんせき》は400㎠前後《ぜんご》だった。すると、タイヤ1本《ぽん》に30kgの400倍《ばい》、つまり12tの重《おも》さがかかってもOK《オーケー》ということになる。道路《どうろ》というものは、かなり頑丈《がんじょう》に作《つく》られているのだ。

だが、ピンクエイダーの1600tには耐《た》えられるだろうか。前掲《ぜんけい》の『大図鑑《だいずかん》』の写真《しゃしん》で測定《そくてい》すると、その巨大《きょだい》なタイヤの直径《ちょっけい》は3・1m。これは乗用車《じょうようしゃ》のタイヤの4・8倍《ばい》だから、路面《ろめん》に接《せっ》する面積《めんせき》は23倍《ばい》になる。すると、タイヤ1本《ぽん》あたり12t×23＝276tの重《おも》さがかかっても、道路《どうろ》は壊《こわ》れないことになる。ピンクエイダーは6本タイヤだから、1本《ぽん》にかかる荷重《かじゅう》は1600÷6＝267t。おお～ッ、余裕《よゆう》はわずか9tだけど、奇跡的《きせきてき》にギリギリ耐《た》えられるぞ。

ただし、道路《どうろ》にわずかでも段差《だんさ》があれば、もうアウト。ガタン！と来《き》た拍子《ひょうし》に、瞬間的《しゅんかんてき》に大《おお》きな力《ちから》が加《くわ》わり、道路《どうろ》にメリッとヒビが入《はい》る。さらに、カーブで遠心力《えんしんりょく》がかかって車体《しゃたい》が傾《かたむ》けば、外側《そとがわ》のタイヤに限界以上《げんかいいじょう》の重量《じゅうりょう》がかかり、バキバキと割《わ》れ続《つづ》ける。すると、路面《ろめん》は外側《そとがわ》のタイヤを支《ささ》えきれなくなり、重《おも》さ1600tの車体《しゃたい》はカーブの外側《そとがわ》へ飛《と》び出《だ》し、沿道《えんどう》の建物《たてもの》に時速《じそく》720kmでどしゃーん！　またしても大事故発生《だいじこはっせい》……という可能性《かのうせい》も。

ピンクエイダーは、今日《きょう》も走《はし》る。廃墟《はいきょ》と化《か》した街《まち》に、ケガ人《にん》を続々《ぞくぞく》と生《う》み出《だ》しながら……。誰《だれ》か、救急車《きゅうきゅうしゃ》を呼《よ》んでくれ～！

とっても気《き》になるマンガの疑問《ぎもん》

『ガラスの仮面《かめん》』の北島《きたじま》マヤ。年《とし》越《こ》しそばを120軒《けん》に出前《でまえ》していましたが、可能《かのう》ですか？

1976年《ねん》にスタートし、この原稿《げんこう》を書《か》いている2016年《ねん》現在《げんざい》もなお継続中《けいぞくちゅう》の少女《しょうじょ》マンガ『ガラスの仮面《かめん》』。演劇界《えんげきかい》の夢《ゆめ》と現実《げんじつ》を描《えが》いたこの物語《ものがたり》は、一度《いちど》読《よ》み始《はじ》めたらページをめくる手《て》が止《と》まらない！　40年間《ねんかん》変《か》わらない絵《え》のタッチは一見古《いっけんふる》いけれど、そんなことはちっとも気《き》にならなくなる、とても面白《おもしろ》い作品《さくひん》である。

ここで筆者《ひっしゃ》が考《かんが》えたいのは、この物語《ものがたり》の冒頭《ぼうとう》で語《かた》られるエピソード。主題《しゅだい》とは無関係《むかんけい》なので、あまり注目《ちゅうもく》されないが、科学的《かがくてき》にはとっても気《き》にかかる。

主人公《しゅじんこう》の北島《きたじま》マヤは、演劇《えんげき》の世界《せかい》に強《つよ》い憧《あこが》れを抱《いだ》く中学《ちゅうがく》1年生《ねんせい》。母《はは》と二人《ふたり》、中華料理店《ちゅうかりょうりてん》に住《す》み込《こ》んで働《はたら》いている。ある日《ひ》、店《みせ》のオーナーの娘《むすめ》が、なかなか手《て》に入《はい》らない芝居《しばい》の券《けん》(舞台劇《ぶたいげき》『椿姫《つばきひめ》』)を手《て》に入《い》れる。マヤは譲《ゆず》ってくれるように頼《たの》むが、タダではもらえない。このとき交換条件《こうかんじょうけん》として提示《ていじ》されたのが、「大晦日《おおみそか》の夜《よる》、年越《としこ》しそばの出前《でまえ》をマヤがたった一人《ひとり》でこなすこと」。この中《ちゅう》華料理店《かりょうりてん》は毎年《まいとし》、大晦日《おおみそか》の一日《いちにち》だけ、年越《としこ》しそばの大量注文《たいりょうちゅうもん》に応《おう》じていたのだ。配達《はいたつ》のタイムリミットは1月1日午前《がつついたちごぜん》0時《じ》。配達先《はいたつさき》はなんと120軒《けん》!

「大晦日《おおみそか》にそばの出前《でまえ》が集中《しゅうちゅう》するのは当《あ》たり前《まえ》」とか、「商売繁盛《しょうばいはんじょう》でスバラシイですなあ」などと安易《あんい》に考《かんが》えてはいけない。大晦日《おおみそか》の夜《よる》に一人《ひとり》で120軒分《けんぶん》の出前《でまえ》をこなすとはどういうことなのか。物語《ものがたり》の描写《びょうしゃ》に沿《そ》って、具体的《ぐたいてき》に考《かんが》えてみよう。

◆そばの出前《でまえ》で死《し》にかける!

師走《しわす》の街《まち》をマヤは走《はし》る。アルミ合金製《ごうきんせい》の岡持《おかもち》を両手《りょうて》に提《さ》げ、真冬《まふゆ》の夜《よる》だというのに短《みじか》いスカートにセーター一枚《いちまい》で。夕食《ゆうしょく》もとらず、一度《いちど》に6人前《にんまえ》、8人前《にんまえ》、10人前《にんまえ》を……。中盤以降《ちゅうばんいこう》、足《あし》はふらつき、息《いき》は上《あ》がり、目《め》なんてもう完全《かんぜん》にイッちゃってる。

以下《いか》は、フラフラになりながら出前《でまえ》を続《つづ》ける彼女《かのじょ》の独白《どくはく》。

「うでがしびれる! 肩《かた》がぬけそう…足《あし》が痛《いた》い…『椿姫《つばきひめ》』…! みるんだ! みるんだ! どん

な芝居《しばい》なんだろ？　いくんだ……いくんだ大都劇場《だいとげきじょう》へ……！　どんなことをしても……！」

いつしか手《て》は血《ち》で染《そ》まり、最後《さいご》の家《いえ》に届《とど》け終《お》わった瞬間《しゅんかん》、マヤはバッタリ倒《たお》れるのだった……。

凄絶《せいぜつ》である。気持《きも》ちを新《あら》たに、来《く》る年《とし》を迎《むか》えようという大晦日《おおみそか》。誰《だれ》しも、そこはかとなく胸《むね》が躍《おど》る。そこへけたたましく持《も》ち込《こ》まれる血染《ちぞ》めのそば！　しかも配達《はいたつ》の少女《しょうじょ》は半死半生《はんしはんしょう》。最後《さいご》の家《いえ》など、マヤを介抱《かいほう》せざるを得《え》ず、モノスゴク迷惑《めいわく》だったに違《ちが》いない。

この場面《ばめん》、演劇《えんげき》を題材《だいざい》にした物語《ものがたり》らしいオーバーな描写《びょうしゃ》、という気《き》もする。だが、マヤの配達《はいたつ》ぶりをリアルに考《かんが》えると、決《けっ》して大《おお》げさではない。

マヤが運《はこ》んでいたのは、丼《どんぶり》に入《はい》ったつゆそばだった。ざるそばよりずっと重《おも》い。試《ため》しに、はかりを抱《かか》えて近所《きんじょ》のそば屋《や》へ行《い》き、注文《ちゅうもん》したかけそばの重《おも》さを量《はか》ってみたら、９７０g。これを10人前《にんまえ》ともなると、岡持《おかもち》も含《ふく》め軽《かる》く10kgはあっただろう。両手《りょうて》に分《わ》けて持《も》てば、各《かく》５kgだ。

走《はし》った距離《きょり》もハンパではない。そばはすぐにノビるから、一回《いっかい》の出前《でまえ》で数軒《すうけん》の家《いえ》をまとめて回《まわ》るのは難《むずか》しい。つまり、出前先《でまえさき》Aと出前先《でまえさき》Bがどんなに近《ちか》くても、店《みせ》↓出前先《でまえさき》A↓出前先《でまえさき》Bというルートは選択《せんたく》できず、店《みせ》↓出前先《でまえさき》A↓店《みせ》↓出前先《でまえさき》Bと、必《かなら》ず店《みせ》に一旦戻《いったんもど》らなければならない。

これは手間《てま》と時間《じかん》がかかる。仮《かり》に、店《みせ》と出前先《でまえさき》との距離《きょり》を平均《へいきん》２５０m（徒歩《とほ》3～4分《ぷん》）としても、往復《おうふく》で５００m。それが１２０軒《けん》だから、移動距離《いどうきょり》の合計《ごうけい》は０・５×１２０＝60km！　こ、

これは相当速《そうとうはや》く走《はし》らなければ、深夜《しんや》0時《じ》までには間《ま》に合《あ》わないだろう。

しかも、出前《でまえ》とは、そばなどを届《とど》けるだけの仕事《しごと》ではない。筆者《ひっしゃ》がそばの重《おも》さを量《はか》りに訪《おとず》れたそば屋《や》の主人《しゅじん》はこう語《かた》る。

「出前《でまえ》は、ただ持《も》っていけばいいというものではありません。届《とど》け先《さき》に着《つ》いたら、そばを岡持《おかもち》から出《だ》して、ていねいに並《なら》べる。代金《だいきん》の受《う》け取《と》りに器《うつわ》の回収《かいしゅう》。年《とし》越《こ》しそばの出前《でまえ》ともなると、『今年《ことし》もお世話《せわ》になりました。どうかよいお年《とし》をお迎《むか》えください』くらいのご挨拶《あいさつ》も欠《か》かせません。出前《でまえ》1軒《けん》に15分《ふん》、いや20分《ぷん》はかかります」

しかし、マヤにそんな時間《じかん》はない。1軒《けん》に20分《ぷん》も要《よう》していたら、120軒《けん》で合計《ごうけい》40時間《じかん》！　不《ふ》眠不休《みんふきゅう》で駆《か》けずり回《まわ》っても、1月《がつ》2日の午前中《ごぜんちゅう》までかかってしまう。大晦日《おおみそか》に注文《ちゅうもん》した年越《としこ》しそばを年明《としあ》け2日に届《とど》けたりしたら、正月早々《しょうがつそうそう》どれほど文句《もんく》を言《い》われることか。

年越《としこ》しそばの出前《でまえ》を午後《ごご》6時《じ》から始《はじ》めたとして、深夜《しんや》0時《じ》までは6時間《じかん》。1軒《けん》に使《つか》えるのは、たった3分《ぷん》しかない！　こ、これはとんでもなく厳《きび》しい状況《じょうきょう》だ。

◆マラソンの世界新記録《せかいしんきろく》を樹立《じゅりつ》！

そば屋《や》の主人《しゅじん》が教《おし》えてくれたとおり、年越《としこ》しそばの出前《でまえ》に不可欠《ふかけつ》な挨拶《あいさつ》その他《た》もろもろを、実《じっ》際《さい》にパントマイムでやってみた。演劇《えんげき》マンガの研究《けんきゅう》とはいえ、まさか自分《じぶん》が芝居《しばい》でやることになろうとは。しかしこうした検証《けんしょう》では、実際《じっさい》にやってみることも大切《たいせつ》なのだ。

その結果《けっか》、出前《でまえ》の挨拶《あいさつ》・そばの受《う》け渡《わた》し・料金《りょうきん》の受領《じゅりょう》に要《よう》した時間《じかん》はおよそ1分《ぷん》30秒《びょう》。1軒《けん》の配達《はいたつ》に使《つか》える3分《ぷん》のうち、それだけで半分《はんぶん》も使《つか》ってしまうのである。

すると、出前先《でまえさき》への往復《おうふく》は、1軒《けん》あたり1分《ぷん》30秒《びょう》で完遂《かんすい》しなければならない。純粋《じゅんすい》に移動《いどう》に使《つか》えるのは合計《ごうけい》3時間《じかん》のみ。3時間《じかん》で合計《ごうけい》60㎞を走《はし》るとすれば、平均時速《へいきんじそく》は20㎞。100mを18秒《びょう》で走《はし》らなければいけない。中《ちゅう》1女子《じょし》の50m走《そう》の平均《へいきん》タイムは9秒前後《びょうぜんご》だから、100m18秒《びょう》とは、マヤにとってほぼ全力疾走《ぜんりょくしっそう》になるだろう。

このペースで走《はし》り続《つづ》ければ、42・195kmを走《はし》るマラソンのタイムは2時間《じかん》6分《ぷん》35秒《びょう》。女子《じょし》マラソンの歴代最高記録《れきだいさいこうきろく》は2003年《ねん》にポーラ・ラドクリフ選手《せんしゅ》が出《だ》した2時間《じかん》15分《ふん》25秒《びょう》だから、マヤが女子《じょし》マラソン大会《たいかい》に出場《しゅつじょう》すれば、ぶっちぎりの世界新記録《せかいしんきろく》で優勝《ゆうしょう》だあ！

喜《よろこ》んでいる場合《ばあい》ではない。大晦日《おおみそか》のマヤは42・195kmの地点《ちてん》で立《た》ち止《ど》まるわけにいかないのだ。出前《でまえ》が終《お》わるまでには6時間《じかん》、そのうちの3時間《じかん》は重《おも》さ10kg前後《ぜんご》の荷物《にもつ》を両手《りょうて》に提《さ》げて走《はし》り続《つづ》ける！　こんな過酷《かこく》なタイムトライアルに挑《いど》んだマヤは、マンガのとおり死《し》にかけて当然《とうぜん》であろう。

考《かんが》えてみれば、歩道《ほどう》を全力疾走《ぜんりょくしっそう》するそば屋《や》の出前持《でまえも》ちさんなど見《み》たことがない。人《ひと》が走《はし》ると、どうしても岡持《おかもち》は上下《じょうげ》に動《うご》いてしまうから、つゆがこぼれてしまう。それを避《さ》けるため、そば屋《や》や寿司屋《すしや》の出前《でまえ》では、荷台《にだい》にバネつきのゴンドラを載《の》せたバイクや自転車《じてんしゃ》が使《つか》われるのだ。

マヤもゴンドラのついた自転車《じてんしゃ》を使《つか》えば、もっとラクに出前《でまえ》ができたはず……とは思《おも》うものの、これは女優《じょゆう》への道《みち》を命《いのち》がけでひた走《はし》る主人公《しゅじんこう》を象徴《しょうちょう》するエピソード。自分《じぶん》の足《あし》で一歩一歩《いっぽいっぽ》、走《はし》っていくのが正解《せいかい》なのかもしれません。

とっても気《き》になるマンガの疑問《ぎもん》

『貧乏神《びんぼうがみ》が！』の桜市子《さくらいちこ》は超幸運《ちょうこううん》で、「目《め》の前《まえ》の信号《しんごう》は全部青《ぜんぶあお》」。あり得《え》ますか？

「禍福《かふく》はあざなえる縄《なわ》のごとし」というけれど、ときどき幸運《こううん》が降《ふ》り注《そそ》いでいるような人《ひと》がおりますなあ。金持《かねも》ちの家《いえ》に生《う》まれ、性格《せいかく》がよくて友達《ともだち》も多《おお》く、イケメンで女性《じょせい》にモテて、成績《せいせき》は優《ゆう》秀《しゅう》で立派《りっぱ》な大学《だいがく》を立派《りっぱ》に卒業《そつぎょう》し、もちろん酒《さけ》も飲《の》みすぎることなく、記憶《きおく》をなくしたりもせず、原稿《げんこう》の締《し》め切《き》りは守《まも》り……あれっ、いつの間《ま》にか筆者《ひっしゃ》と正反対《せいはんたい》のことを書《か》いてるだけ！

要《よう》するに、世《よ》の中《なか》にはツイてる人《ひと》というのも存在《そんざい》するとは思《おも》うのだが、だからといって「その人《ひと》たちの行《い》くところ信号《しんごう》が全部青《ぜんぶあお》！」ということはないだろう。ところが、『貧乏神《びんぼうがみ》が！』の主《しゅ》人公《じんこう》は、これまでの人生《じんせい》でそうだったというのである。

『貧乏神《びんぼうがみ》が！』というマンガは、こんな物語《ものがたり》だ。仏女津市《ぶつめつし》という町《まち》に、桜市子《さくらいちこ》という恵《めぐ》まれすぎた高校《こうこう》1年生《ねんせい》がいた。彼女《かのじょ》は、人間《にんげん》を幸《しあわ》せにする「幸福《こうふく》エナジー」を莫大《ばくだい》に持《も》っているうえに、他《た》の人々《ひとびと》の幸福《こうふく》エナジーをも吸《す》い取《と》ってしまう。これによって乱《みだ》れたエナジーのバランスを正常《せいじょう》化《か》するため、貧乏神《びんぼうがみ》の紅葉《もみじ》が市子《いちこ》のもとに遣《つか》わされた。彼女《かのじょ》は、災《わざわ》いをもたらす「不幸《ふこう》エナジー」を大量《たいりょう》に持《も》っていた……。

市子《いちこ》は独白《どくはく》で、自分《じぶん》のツキっぷりを自慢《じまん》する。「生《う》まれながらにして容姿端麗《ようしたんれい》！　頭脳明晰《ずのうめいせき》!!　無病息災《むびょうそくさい》!!　男《おとこ》の心配《しんぱい》も金《かね》の心配《しんぱい》もしたことなし！　努力《どりょく》の『ど』の字《じ》もしたことなし！　目《め》の前《まえ》の信号《しんごう》は全部青《ぜんぶあお》!!」。

うーむ。なんだかちょっとムカつくけど、それは堪《こら》えて、ここでは「目《め》の前《まえ》の信号《しんごう》は全部青《ぜんぶあお》」について考《かんが》えよう。赤信号《あかしんごう》に出合《であ》ったことがないとは、いったいどれほどの幸運《こううん》か!?

◆16年間《ねんかん》に信号《しんごう》を渡《わた》る回数《かいすう》とは？

目《め》の前《まえ》の信号《しんごう》がすべて青《あお》、という確率《かくりつ》。それを知《し》るためには、人《ひと》は高校《こうこう》1年《ねん》までの16年間《ねんかん》に、信号《しんごう》を何回渡《なんかいわた》るのかを把握《はあく》する必要《ひつよう》がある。もちろん、住《す》んでいる地域《ちいき》や、自宅《じたく》と学校《がっこう》の位置関《いちかん》係《けい》で大《おお》きく変《か》わるので、ここでは大雑把《おおざっぱ》な仮定《かてい》をさせてもらいたい。

幼稚園《ようちえん》、小学校時代《しょうがっこうじだい》は、平日《へいじつ》が片道《かたみち》2つ、休日《きゅうじつ》は4つの信号《しんごう》を渡《わた》るとする。そして、通学区域《つうがくくいき》と行動範囲《こうどうはんい》が広《ひろ》がる中学時代《ちゅうがくじだい》は、平日《へいじつ》が片道《かたみち》3つ、休日《きゅうじつ》7つと仮定《かてい》しよう。これで中《ちゅう》3までに信《しん》号《ごう》を渡《わた》る回数《かいすう》を計算《けいさん》すると、およそ3万回《まんかい》！　市子《いちこ》も同《おな》じ回数《かいすう》だけ信号《しんごう》を渡《わた》ってきたとすれば、それがすべて青《あお》だったわけである。

そもそも、1つの信号《しんごう》を渡《わた》ろうとしたときに「青《あお》」である確率《かくりつ》はどれほどだろうか？　筆者《ひっしゃ》の家《いえ》の近《ちか》くに小中学生《しょうちゅうがくせい》が登下校《とうげこう》の途中《とちゅう》で渡《わた》る交差点《こうさてん》がある。小中学生《しょうちゅうがくせい》は広《ひろ》い車道《しゃどう》を横断《おうだん》するのだが、計測《けいそく》すると、設置《せっち》されている歩行者用信号《ほこうしゃようしんごう》は青《あお》14秒《びょう》、青《あお》の点滅《てんめつ》5秒《びょう》、赤《あか》41秒《びょう》の順《じゅん》に変《か》わっていく。よって、この信号《しんごう》を渡《わた》ろうとしたときにたまたま「青《あお》」である確率《かくりつ》は、14÷60＝23・3％。待《ま》たずに渡《わた》れる確率《かくりつ》は4回《かい》に1回《かい》もないということだ。

前述《ぜんじゅつ》のとおり、小学生《しょうがくせい》は1日《にち》4つ(片道《かたみち》2つの往復《おうふく》)の信号《しんごう》を渡《わた》ると仮定《かてい》したから、これがすべて青《あお》である確率《かくりつ》は23・3％＝0・233を4つかけて、0・0028＝0・28％。分数《ぶんすう》で表《あらわ》すと「340分《ぶん》の1」であり、1年《ねん》に1回《かい》あるかないかの大《だい》ラッキーである。

同様《どうよう》に、中学生《ちゅうがくせい》が1日《にち》6つ(片道《かたみち》3つの往復《おうふく》)の信号《しんごう》を、一度《いちど》も待《ま》たずに渡《わた》れる可能性《かのうせい》を計算《けいさん》すると、なんと6200分《ぶん》の1。3年間通《ねんかんとお》しても、まず一度《いちど》も起《お》こらないということだ。念《ねん》のために繰《く》り返《かえ》しておくと、これはどちらも1日《にち》だけの確率《かくりつ》。それでこんなに起《お》こりにくいのに、市子《いちこ》は中学卒業《ちゅうがくそつぎょう》までの3万回《まんかい》、すべて青《あお》。その確率《かくりつ》を計算《けいさん》すると、実《じつ》に500000000000000000000……(0が1万《まん》8960個並《こなら》ぶ)分《ぶん》の1だッ！

え？　わかりくい？　実《じつ》は、筆者《ひっしゃ》も計算《けいさん》で出《で》てきただけで、サッパリ実感《じっかん》できません。同《おな》じ確《かく》率《りつ》になる別《べつ》の現象《げんしょう》を探《さが》すと「サイコロ2万《まん》4366個《こ》を巨大《きょだい》なバケツでドッパ〜ンとバラ蒔《ま》いたら全部《ぜんぶ》1が出《で》た！」というぐらい。え。もっとわかりにくい？　だったら「年末《ねんまつ》ジャンボ宝《たから》くじを適当《てきとう》に2708枚買《まいか》ったら、2708枚《まい》すべてが一等賞《いっとうしょう》だった！」という確率《かくりつ》。これなら、なんとなくわかるような気《き》も……。

年末《ねんまつ》ジャンボ宝《たから》くじで、2708枚《まい》がすべて一等賞《いっとうしょう》だった場合《ばあい》、賞金総額《しょうきんそうがく》は1兆《ちょう》3540億円《おくえん》になる！　常識《じょうしき》で考《かんが》えて、いや、どう考《かんが》えたって、あり得《え》ないだろう。桜市子《さくらいちこ》、幸福《こうふく》エナジーを集《あつ》めすぎである。

◆高校通学《こうこうつうがく》でもますます幸運《こううん》！

だが、これが市子《いちこ》の幸運《こううん》のすべてではない。冒頭《ぼうとう》に記《しる》したように『貧乏神《びんぼうがみ》が！』における桜市《さくらいち》子《こ》は高校《こうこう》1年生《ねんせい》。高校《こうこう》に入学《にゅうがく》してからすべて青信号《あおしんごう》だった確率《かくりつ》も考《かんが》えるべきだろう。

物語《ものがたり》の始《はじ》まりは、桜《さくら》がすべて散《ち》った直後《ちょくご》だった。このとき彼女《かのじょ》の「目《め》の前《まえ》の信号《しんごう》は全部青《ぜんぶあお》!!」

発言《はつげん》が飛《と》び出《だ》している。よって、この時期《じき》を４月下旬《がつげじゅん》と考《かんが》えるならば、彼女《かのじょ》は２週間《しゅうかん》ほど高校《こうこう》に通《かよ》ったことになる。

お金持《かねも》ちの市子《いちこ》は、執事《しつじ》が運転《うんてん》するロールスロイスで高校《こうこう》に通《かよ》っていたが、片道《かたみち》で10の信号《しんごう》を渡《わた》ると仮定《かてい》しよう。行《い》き帰《かえ》りのどちらかで、１回《かい》くらいは右折《うせつ》もするに違《ちが》いない。近所《きんじょ》の幹線道路《かんせんどうろ》で車両用《しゃりょうよう》の信号《しんごう》を調《しら》べたところ、青《あお》１分《ぷん》２秒《びょう》、黄《き》６秒《びょう》、右折《うせつ》17秒《びょう》、赤《あか》１分《ぷん》11秒《びょう》だった。これを元《もと》に１日《にち》の往復《おうふく》で、常《つね》に信号《しんごう》が青《あお》である確率《かくりつ》を計算《けいさん》すると、なんと３千万分《ぜんまんぶん》の１！　わずか１日《にち》で、ですぞ！

この幸運《こううん》が２週間連続《しゅうかんれんぞく》で続《つづ》いたとしたら、その確率《かくりつ》は高校《こうこう》の分《ぶん》だけで１００００００……（０が１０６個《こ》）分《ぶん》の１。小学校《しょうがっこう》から高《こう》１春《はる》までの16年間《ねんかん》では、中学卒業《ちゅうがくそつぎょう》までの膨大《ぼうだい》な数字《すうじ》にさらに０が１０６個《こ》増《ふ》えて、１万《まん》８９６０だったのが、１万《まん》９０６６個《こ》に。

えっ、たいした差《さ》じゃない？　そう思《おも》ったあなたは、頭《あたま》が「市子化《いちこか》」している。０が１０６個《こ》も多《おお》いってことは、１００倍もの違《ちが》いなのだ！

こんなに幸運《こううん》だったら、大学入試《だいがくにゅうし》センター試験《しけん》なんて楽勝《らくしょう》だろうなあ。５教科《きょうか》の解答欄《かいとうらん》のマー

クシートをすべて適当《てきとう》に塗《ぬ》りつぶしたとして、全問正解《ぜんもんせいかい》で満点《まんてん》が取《と》れる確率《かくりつ》は２００００００００００……(０が１６９個《こ》)分《ぶん》の１。信号《しんごう》が全部青《ぜんぶあお》の確率《かくりつ》より、はるかに起《お》こりやすい。

う～む、なんだかだんだんハラが立《た》ってきたぞ。本人《ほんにん》は決《けっ》して悪《わる》い子《こ》ではないのだが……。貧乏神《びんぼうがみ》・紅葉《もみじ》にはとっとと幸福《こうふく》エナジーを吸《す》い取《と》っていただきたい。

とっても気《き》になる特撮《とくさつ》の疑問《ぎもん》

アメリカ映画《えいが》『GODZILLA《ゴジラ》』に登場《とうじょう》したゴジラは、大《おお》きすぎませんか？

２０１４年《ねん》は、怪獣好《かいじゅうず》きの筆者《ひっしゃ》にとって、嬉《うれ》しい年《とし》であった。アメリカの映画会社《えいががいしゃ》ワーナー・ブラザースによる『ＧＯＤＺＩＬＬＡ《ゴジラ》』が公開《こうかい》され、世界的《せかいてき》な大《だい》ヒットとなったのだ。

実《じつ》は１９９８年《ねん》にも同《おな》じタイトルの映画《えいが》がアメリカで作《つく》られたが、登場《とうじょう》したガッズィ～ラ（と発音《はつおん》しているように聞《き》こえた）は、恐竜《きょうりゅう》のようなヤツで、猛《もう》スピードでセカセカ走《はし》り、魚《さかな》を食《く》いまくるなど、ニッポンのゴジラファンを脱力《だつりょく》させた……という残念《ざんねん》な過去《かこ》があった。

また同《おな》じことになったらどうしようと心配《しんぱい》していたが、映画《えいが》を見《み》てホッと安心《あんしん》。世界《せかい》を股《また》にかけて暴《あば》れるゴジラの脅威《きょうい》はガッズィ～ラなどとは比《くら》べ物《もの》にならないほど凄《すさ》まじく、思《おも》わずガッツ

ポーズをしたほど面白《おもしろ》い映画《えいが》だった！

このゴジラの魅力《みりょく》は、何《なに》よりもその堂々《どうどう》とした振《ふ》る舞《ま》いが実《じつ》にゴジラらしかったことだ。体格《たいかく》についても、98年《ねん》の映画《えいが》では「自由《じゆう》の女神《めがみ》より大《おお》きく、20階建《かいだ》てのビルぐらい」と曖昧《あいまい》なことしか公表《こうひょう》されていなかったのに、今回《こんかい》は劇場用《げきじょうよう》パンフレットに、きちんと「身長《しんちょう》／108・2メートル」と明記《めいき》されている。50m・2万《まん》tの初代《しょだい》ゴジラ以来《いらい》、わが国《くに》では怪獣《かいじゅう》やヒーローの体格《たいかく》が公式発表《こうしきはっぴょう》されてきたから、その点《てん》でもまことにゴジラらしい。

ところが、映画《えいが》を見《み》ると、とてもそんな大《おお》きさでは済《す》まない気《き》がして仕方《しかた》がない。なんか、もっともっとデカいような……。ここでは、14年《ねん》のゴジラが実際《じっさい》にはどれほどの大《おお》きさなのかを考《かんが》えたい。

◆核実験《かくじっけん》は正義《せいぎ》の行為《こうい》!?

本題《ほんだい》に入《はい》る前《まえ》に、いちばんビックリした点《てん》に触《ふ》れておこう。映画《えいが》のなかで、アメリカ軍《ぐん》の将校《しょうこう》が仰天《ぎょうてん》の事実《じじつ》を明《あき》らかにしていた。ゴジラが現《あらわ》れたのは1954年《ねん》。それ以後《いご》の核実験《かくじっけん》は、実《じつ》はゴジラを倒《たお》すための作戦《さくせん》だったという。おいっ、それは本当《ほんとう》か!?

これまで核実験《かくじっけん》を行《おこな》った国《くに》は、回数《かいすう》の多《おお》いほうからアメリカ1032回《かい》、ソ連《れん》(現在《げんざい》のロシア)

715回《かい》、フランス197回《かい》、イギリスと中国《ちゅうごく》が45回《かい》。これに他《た》の国々《くにぐに》の7回《かい》を合《あ》わせて、合計《ごうけい》で2041回《かい》。もちろん、この数字《すうじ》には54年《ねん》以前《いぜん》の実験《じっけん》も含《ふく》まれているが、ほとんどは54年《ねん》以後《いご》のものだ。これほどの核攻撃《かくこうげき》を受《う》けても平気《へいき》とは、ゴジラはどんだけ強《つよ》いんだ!? また、1千回《せんかい》を超《こ》える失敗《しっぱい》を繰《く》り返《かえ》しても、なお挑《いど》み続《つづ》けたとは、世界《せかい》の核保有国《かくほゆうこく》はどれほど根気強《こんきづよ》いのか。

また、63年《ねん》8月《がつ》に部分的核実験禁止条約《ぶぶんてきかくじっけんきんしじょうやく》(大気圏内《たいきけんない》、水中《すいちゅう》、宇宙空間《うちゅうくうかん》での核実験《かくじっけん》を禁止《きんし》)が調印《ちょういん》されてから、実験《じっけん》はこの条約《じょうやく》に参加《さんか》しなかったフランスの41回《かい》、中国《ちゅうごく》の22回《かい》を除《のぞ》いて地下《ちか》で行《おこな》われてきた。その回数《かいすう》は1500回《かい》ほどだ。これもゴジラを倒《たお》すためだったとすると、63年以降《ねんいこう》、ゴジラは地下《ちか》に棲息《せいそく》するようになったということ!?

でも、劇中《げきちゅう》のゴジラはどう見《み》ても海《うみ》をホームグラウンドにしていた。適当《てきとう》なコトを言《い》って核実験《かくじっけん》を正当化《せいとうか》しないでいただきたいっ。

◆大《おお》きさがいろいろだなあ

さて、本題《ほんだい》に入《はい》ろう。前述《ぜんじゅつ》のとおり、このゴジラの身長《しんちょう》は108・2m。そして体重《たいじゅう》については、パンフレットに「体積《たいせき》/8万《まん》9724立方《りっぽう》メートル」とある。なぜ体重《たいじゅう》ではなく、体積《たいせき》を示《しめ》すのか不思議《ふしぎ》でたまらないが、体積《たいせき》だけでもわかっていれば、体重《たいじゅう》は計算《けいさん》できる。ゴジラは海《うみ》を

泳《およ》いでいたから、体積《たいせき》あたりの重《おも》さは海水《かいすい》に等《ひと》しいはずだ。ここから計算《けいさん》すると体重《たいじゅう》は9万《まん》2千《せん》tになる。

だが、はじめにも書《か》いたように劇中《げきちゅう》のゴジラはこんなに小《ちい》さくなかった。主人公《しゅじんこう》がパラシュートで降下《こうか》したとき、ゴジラの目線《めせん》の高《たか》さまで降《お》りてから3秒《びょう》ぐらいでパラシュートを開《ひら》いていた。パラシュートなしの落下《らっか》速度《そくど》は時速《じそく》250km=秒速《びょうそく》69mだから、実《じつ》は69×3=207m以上《いじょう》!?

また、別《べつ》のシーンでは、足《あし》の

付《つ》け根《ね》がビルの35階《かい》と同《おな》じ高《たか》さだった。36階《かい》建《だ》ての霞《かすみ》が関《せき》ビルは高《たか》さ147mだから、本当《ほんとう》は300mに迫《せま》る!?

そして、空母《くうぼ》サラトガと並《なら》んで泳《およ》ぐシーンでは、首《くび》から尻尾《しっぽ》の付《つ》け根《ね》までの背《せ》ビレの長《なが》さが、この全長《ぜんちょう》324mの空母《くうぼ》よりやや短《みじか》いぐらいだった。パンフレットの写真《しゃしん》で測《はか》ると、背《せ》ビレだけで264m。身長《しんちょう》は、当然《とうぜん》これを上回《うわまわ》り、映画《えいが》の公開《こうかい》と同時《どうじ》に発売《はつばい》されたソフビ人形《にんぎょう》と照《て》らし合《あ》わせて計算《けいさん》すると426mになる。なんと東京《とうきょう》スカイツリーの3分《ぶん》の2を超《こ》える！

巨大《きょだい》さにも驚《おどろ》くが、なぜ大《おお》きさが場面《ばめん》によってバラバラなんだ!?

◆ゴジラは生《い》きていけるのか？

う〜む、仕方《しかた》がない。ここではゴジラの身長《しんちょう》は3つの測定値《そくていち》の中間《ちゅうかん》に近《ちか》い300mと考《かんが》えよう。

その場合《ばあい》、体重《たいじゅう》はどれほどなのか。

ソフビ人形《にんぎょう》を水《みず》に沈《しず》めて体積《たいせき》を測定《そくてい》すると、3回《かい》の平均値《へいきんち》は350mL《ミリリットル》。ここから計算《けいさん》すると、体重《たいじゅう》は実《じつ》に287万《まん》t。東京《とうきょう》スカイツリーの80倍《ばい》も重《おも》い。

この巨体《きょたい》で暴《あば》れると大変《たいへん》なことになる。転《ころ》んだだけで、マグニチュード5の地震《じしん》が地表《ちひょう》で発生《はっせい》してしまう。盛大《せいだい》に走《はし》り回《まわ》ったら、もうどうなることやら……。

それ以前《いぜん》に、こんなに大《おお》きな生物《せいぶつ》がいたら、地球《ちきゅう》のナニモカモがアッという間《ま》に食《く》い尽《つ》くされるのではないか。

ゴジラの巨体《きょたい》で生《い》きるには、一日《いちにち》に２２００億《おく》キロカロリーが必要《ひつよう》だ。人間《にんげん》は一日《いちにち》に２千《せん》キロカロリー前後《ぜんご》を消費《しょうひ》するから、２２００億《おく》キロカロリーとはその１億人分《おくにんぶん》である！　だが世界《せかい》の人口《じんこう》は72億人《おくにん》。地球《ちきゅう》にとっては、ゴジラの出現《しゅつげん》によってそれが73億《おく》に増《ふ》えたのと同《おな》じだから、養《やしな》えないほどではない。それに映画《えいが》では、ゴジラは放射線《ほうしゃせん》を吸収《きゅうしゅう》して生《い》きているといわれていた。すると、ゴジラは、核実験《かくじっけん》の放射線《ほうしゃせん》を吸収《きゅうしゅう》してくれたありがたい怪獣《かいじゅう》ということになる。

しかし、いくらゴジラでも２千回《せんかい》というのは多《おお》すぎないだろうか？

爆発力《ばくはつりょく》のわかっている実験《じっけん》から計算《けいさん》すると、核実験《かくじっけん》１回《かい》の平均《へいきん》エネルギーは０・６６メガトンになる。これは、通常《つうじょう》の爆薬《ばくやく》66万《まん》ｔ分《ぶん》ということだ。一方《いっぽう》、ゴジラが一日《いちにち》に必要《ひつよう》とする２２００億《おく》キロカロリーとは、０・２２メガトン。なーんと、核実験《かくじっけん》１回《かい》のエネルギーをゴジラがすべて吸収《きゅうしゅう》したとしても、３日分《かぶん》にしかならない。２千回《せんかい》で６千日分《せんにちぶん》だ。54年《ねん》から現在《げんざい》までの60年間《ねんかん》は２万《まん》２千日《せんにち》だから、もう全然《ぜんぜん》足《た》りない！

ふ〜む。今度《こんど》のゴジラは、核実験《かくじっけん》を正当化《せいとうか》する論法《ろんぽう》など無《む》にするほど、デカくて強《つよ》いということか。なんだかナットクできました。

とっても気《き》になるマンガの疑問《ぎもん》

『こち亀《かめ》』の日暮巡査《ひぐらしじゅんさ》は4年《ねん》に一回《いっかい》しか起《お》きません。人間《にんげん》はそんなに眠《ねむ》れるもの？

『こちら葛飾区亀有公園前派出所《かつしかくかめありこうえんまえはしゅつじょ》』、略《りゃく》して『こち亀《かめ》』は、1976年《ねん》から連載《れんさい》され、40年目《ねんめ》の2016年《ねん》に完結《かんけつ》したギャグマンガ。少年《しょうねん》マンガ雑誌《ざっし》の最長連載《さいちょうれんさい》のギネス記録《きろく》を持《も》っている。

そういうすごい作品《さくひん》だから、登場《とうじょう》するキャラクターにも驚《おどろ》くべき人《ひと》がいる。ここで取《と》り上《あ》げる日暮巡査《ひぐらしじゅんさ》など、4年《ねん》に一度《いちど》しか『こち亀《かめ》』に姿《すがた》を見《み》せない。にもかかわらず11回《かい》も登場《とうじょう》していて、人気《にんき》も抜群《ばつぐん》。長《なが》く続《つづ》く作品《さくひん》だからこそ存在《そんざい》できる名脇役《めいわきやく》なのだ。

この人《ひと》、フルネームを日暮熟睡男《ひぐらしねるお》という。その名《な》のとおり、凄《すさ》まじく眠《ねむ》る。起《お》きるのは4年《ねん》に一度《いちど》、オリンピックの年《とし》のたった1日《にち》の昼間《ひるま》だけ。それ以外《いがい》の3年《ねん》と364日《にち》は、警察署《けいさつしょ》の独身《どくしん》寮《りょう》でひたすら眠《ねむ》り続《つづ》ける。

当然《とうぜん》、彼《かれ》の部屋《へや》はモノスゴイことになっている。クモの巣《す》が張《は》り、カビやキノコが繁茂《はんも》し、ジャングルとなり、謎《なぞ》の生態系《せいたいけい》が形成《けいせい》されていった。そんな環境下《かんきょうか》、食虫植物《しょくちゅうしょくぶつ》に消化《しょうか》されそうになりながらも眠《ねむ》り続《つづ》ける男《おとこ》。それが日暮熟睡男《ひぐらしねるお》である。

こんな彼《かれ》が警察《けいさつ》をクビにならないのは、起《お》きた日《ひ》に超能力《ちょうのうりょく》で多数《たすう》の難事件《なんじけん》を解決《かいけつ》してしまうから。とはいえ、人間《にんげん》というのは4年間《ねんかん》も寝《ね》ていられるものなのだろうか？

◆睡眠時間《すいみんじかん》は3万時間《まんじかん》！

睡眠《すいみん》は、脳《のう》と体《からだ》にとって重要《じゅうよう》な生命活動《せいめいかつどう》だ。睡眠《すいみん》が足《た》りなければ、集中力《しゅうちゅうりょく》も作業効率《さぎょうこうりつ》も落《お》ちてしまうし、生物《せいぶつ》としてのリズムも崩《くず》れてしまう。

だが、4年間《ねんかん》はさすがに眠《ねむ》りすぎだ。365日《にち》×4に閏年《うるうどし》の1日《にち》を加《くわ》え、起《お》きている1日《にち》を引《ひ》いて、1460日《にち》。時間《じかん》に換算《かんさん》すると、実《じつ》に3万《まん》5040時間《じかん》！普通《ふつう》は8時間《じかん》も寝《ね》れば自然《しぜん》と目《め》が覚《さ》めてしまうから、もし「睡眠力《すいみんりょく》」というものがあるとすれば、日暮熟睡男《ひぐらしねるお》は常人《じょうじん》の4千倍《せんばい》の睡眠力《すいみんりょく》を有《ゆう》していることになる。

『人間《にんげん》の許容限界《きょようげんかい》ハンドブック』（関邦博《せきくにひろ》・他《ほか》／朝倉書店《あさくらしょてん》）によれば、人間《にんげん》は数日間《すうじつかん》の徹夜《てつや》の後《あと》でも、

15時間《じかん》も眠《ねむ》れば起《お》きてしまうという。睡眠薬《すいみんやく》を飲《の》んだ場合《ばあい》でも、連続《れんぞく》しての睡眠《すいみん》は最長《さいちょう》20時間《じかん》。人間《にんげん》は、脳《のう》と体《からだ》の休息《きゅうそく》が完了《かんりょう》すれば、自然《しぜん》に目覚《めざ》めるようにできているのだ。

にもかかわらず、3万《まん》5千《せん》時間《じかん》も昏々《こんこん》と眠《ねむ》り続《つづ》ける日暮巡査《ひぐらしじゅんさ》。このヒトの体《からだ》はどうなっているのだろうか？

4年《ねん》に一回《いっかい》起《お》きたとき、日暮巡査《ひぐらしじゅんさ》は恐《おそ》るべき仕事量《しごとりょう》をこなす。たとえば1992年《ねん》、バルセロナオリンピックの年《とし》には、両《りょう》さんが持《も》ってきた高《たか》さ50㎝ほどの書類《しょるい》を夜《よる》までかかって片《かた》づけた。書類《しょるい》に使《つか》う紙《かみ》は、およそ100枚《まい》で1㎝になるから、このとき日暮巡査《ひぐらしじゅんさ》が処理《しょり》した書類《しょるい》は5千《せん》枚《まい》！

また、驚異《きょうい》の超能力《ちょうのうりょく》を見《み》せる。ポラロイドカメラで未来《みらい》の事件《じけん》を写《うつ》したり、机《つくえ》に座《すわ》ったまま犯人《にん》や行方不明者《ゆくえふめいしゃ》の居場所《いばしょ》を言《い》い当《あ》てたり、スプーンを曲《ま》げたり、瞬間移動《しゅんかんいどう》したり……。4年《ねん》の眠《ねむ》りを2年《ねん》で中断《ちゅうだん》されたときは、不機嫌《ふきげん》のあまり念力《ねんりき》で壁《かべ》を砕《くだ》き、床《ゆか》に亀裂《きれつ》を走《はし》らせ、道路《どうろ》を陥没《かんぼつ》させた。

これだけ心身《しんしん》と超能力《ちょうのうりょく》を使《つか》えば、脳《のう》も体《からだ》も相当酷使《そうとうこくし》されただろう。だから常人《じょうじん》の4千倍《せんばい》も寝《ね》ないと疲《つか》れが取《と》れないのだろうか。

◆たった2ヵ月で餓死《げつ　がし》！

だが、生《い》きるのに必要《ひつよう》な睡眠《すいみん》も、あまりに長《なが》いと命《いのち》にかかわる。寝《ね》ているあいだも、人間《にんげん》の体《からだ》は、心臓《しんぞう》を動《うご》かして全身《ぜんしん》に血液《けつえき》を循環《じゅんかん》させ、肺《はい》を動《うご》かして呼吸《こきゅう》するなど、活動《かつどう》しているからだ。4年間《ねんかん》も飲《の》まず食《く》わずを続《つづ》けたら、普通《ふつう》はエネルギーを使《つか》い果《は》たし、餓死《がし》してしまう。日暮巡査《ひぐらしじゅんさ》も、餓死《がし》の危険《きけん》には気《き》づいていたようだ。だから眠《ねむ》りに就《つ》く前《まえ》には、大量《たいりょう》の料理《りょうり》を食《た》べ、大量《たいりょう》の水《みず》を飲《の》み、髪《かみ》や爪《つめ》をしっかり切《き》っていた。

1992年《ねん》の食事《しょくじ》の量《りょう》は、焼肉《やきにく》20人前《にんまえ》、天丼《てんどん》・うな丼《どん》・寿司《すし》が各《かく》10人前《にんまえ》、計《けい》50人前《にんまえ》だった。一度《いちど》に食《た》べる量《りょう》としては確《たし》かに凄《すさ》まじいが、これで4年分《ねんぶん》の栄養《えいよう》がまかなえるのか？

生命《せいめい》を維持《いじ》するために必要《ひつよう》な最低限《さいていげん》のエネルギーの量《りょう》を「基礎代謝量《きそたいしゃりょう》」という。先《さき》ほど述《の》べた、心臓《しんぞう》や肺《はい》を動《うご》かし続《つづ》けるために必要《ひつよう》なエネルギーだ。30代男性《だいだんせい》の基礎代謝量《きそたいしゃりょう》は、体重《たいじゅう》1kgあたり1日《にち》23・1キロカロリー。日暮巡査《ひぐらしじゅんさ》は痩《や》せているので体重《たいじゅう》50kgと仮定《かてい》すると、1日《にち》に必要《ひつよう》なのは1155キロカロリーになる。ただし睡眠中《すいみんちゅう》はその90％で足《た》りるので、1日約《にちやく》1040キロカロリー。すると、寝《ね》ている4年間《ねんかん》に日暮巡査《ひぐらしじゅんさ》が必要《ひつよう》とする基礎代謝量《きそたいしゃりょう》は152万《まん》キロカロリーということだ。

作中《さくちゅう》で食《た》べた料理《りょうり》は、多《おお》めに見積《みつ》もっても1人前千《にんまえせん》キロカロリーぐらいだろう。すると、50人《にん》前《まえ》で5万《まん》キロカロリー。大変《たいへん》だ。日暮巡査《ひぐらしじゅんさ》は、必要《ひつよう》な量《りょう》の30分《ぶん》の1しか摂《と》っていない。これでは、2カ月足《げつた》らずで餓死《がし》してしまう！

水《みず》も心配《しんぱい》だ。人間《にんげん》は1日《にち》に2・5L《リットル》の水《みず》を必要《ひつよう》とする。睡眠中《すいみんちゅう》の水分摂取量《すいぶんせっしゅりょう》も通常《つうじょう》の90％だと考《かんが》えれば、4年《ねん》で3285L《リットル》を消費《しょうひ》するはずだ。普通《ふつう》のドラム缶《かん》の容量《ようりょう》は200L《リットル》だから、寝《ね》る前《まえ》にドラム缶《かん》16本分《ぽんぶん》の水《みず》を飲《の》まなければ、日暮巡査《ひぐらしじゅんさ》は睡眠中《すいみんちゅう》に渇《かわ》き死《じ》に！

一方《いっぽう》、髪《かみ》やヒゲは4年間《ねんかん》で40〜70㎝伸《の》びる。爪《つめ》は個人差《こじんさ》が大《おお》きいが、それでも20㎝から2mほど伸《の》びるはず。ところが、日暮巡査《ひぐらしじゅんさ》は飢《う》え死《じ》にも渇《かわ》き死《じ》にもせず、髪《かみ》や爪《つめ》もそこまで伸《の》びていなかった。どういうコト？　ひょっとしてこの人《ひと》、基礎代謝量《きそたいしゃりょう》が異常《いじょう》に低《ひく》いのだろうか。

◆睡眠《すいみん》ではなく、もはや冬眠《とうみん》？

基礎代謝量《きそたいしゃりょう》がそこまで低《ひく》いとすると、日暮巡査《ひぐらしじゅんさ》はただ寝《ね》ていたのではなく、「冬眠《とうみん》」していた可能性《かのうせい》がある。2006年《ねん》10月《がつ》、兵庫県《ひょうごけん》の六甲山《ろっこうさん》で骨折《こっせつ》して動《うご》けなくなった男性《だんせい》ハイカーが、焼肉《やきにく》のタレだけで24日間《かかん》生《い》き延《の》びたという信《しん》じがたい事件《じけん》があった。普通《ふつう》なら餓死《がし》していたはずだが、タレだけでも生還《せいかん》できたのは、体温《たいおん》が下《さ》がって冬眠状態《とうみんじょうたい》になっていたからだという。

この人《ひと》と同《おな》じように日暮巡査《ひぐらしじゅんさ》も冬眠状態《とうみんじょうたい》に陥《おちい》っているのだとしたら、前述《ぜんじゅつ》の計算《けいさん》よりはるかに

少《すく》ないエネルギーで生《い》きている可能性《かのうせい》がある。

哺乳類《ほにゅうるい》は冬眠中《とうみんちゅう》、エネルギー消費量《しょうひりょう》が8分《ぶん》の1になるという。しかし、日暮巡査《ひぐらしじゅんさ》の摂取《せっしゅ》エネルギーは必要量《ひつようりょう》のわずか30分《ぶん》の1だった。ああ、彼《かれ》は冬眠《とうみん》しても助《たす》からない！

となれば、彼《かれ》はもう「休眠《きゅうみん》」しているとしか思《おも》えない。休眠《きゅうみん》とは、生物《せいぶつ》が生命活動《せいめいかつどう》を大《おお》きくペースダウンする現象《げんしょう》だ。冬眠《とうみん》も休眠《きゅうみん》の一種《いっしゅ》だが、なかには生《せい》命活動《めいかつどう》をほぼ停止《ていし》してしまう生《い》き物《もの》もいる。

有名《ゆうめい》なのはクマムシだ。体長《たいちょう》0・05㎜〜1・7㎜ほどの微生物《びせいぶつ》で、およそ1千種類《せんしゅるい》がいる。乾燥《かんそう》すると休眠状態《きゅうみんじょうたい》に入《はい》り、そのまま60〜120年《ねん》も生《い》き続《つづ》ける。しかも休眠中《きゅうみんちゅう》は、マイナス200℃の低温《ていおん》からプラス150℃の高温《こうおん》に耐《た》え、真空《しんくう》から7万《まん》5千気圧《せんきあつ》にまで耐《た》えられる。放射線《ほうしゃ》線《せん》に対《たい》しても、人間《にんげん》の数百倍《すうひゃくばい》も強《つよ》い。日暮巡査《ひぐらしじゅんさ》がクマムシ並《な》みの休眠力《きゅうみんりょく》を持《も》っているとすれば、彼《かれ》の超人的《ちょうじんてき》な生命力《せいめいりょく》にもナットクできるが……。

それでも、4年《ねん》に1日《にち》しか活動《かつどう》しない人生《じんせい》は、苦難《くなん》の連続《れんぞく》だと思《おも》う。恋人《こいびと》ができても、次《つぎ》に目《め》覚《ざ》めるときまで待《ま》っていてくれるかどうか。彼《かれ》が現在《げんざい》30歳《さい》だとすれば、60歳《さい》で警察官《けいさつかん》としての定《てい》年《ねん》を迎《むか》えるまで、働《はたら》けるのは7日《か》だけ。これでは解決《かいけつ》できる事件《じけん》にも限《かぎ》りがある。そもそも、100歳《さい》まで生《い》きられるとしても、残《のこ》された人生《じんせい》はわずか17日《にち》……！

いや、ちょっと待《ま》て。彼《かれ》はクマムシのように、休眠《きゅうみん》する分《ぶん》だけ寿命《じゅみょう》も長《なが》いのではないだろうか。もし起《お》きているあいだしか年《とし》を取《と》らないとしたら、日暮巡査《ひぐらしじゅんさ》がお亡《な》くなりになるのは、10万《まん》2200年後《ねんご》。なんと1043世紀《せいき》だ。いやはや、どっちにしても極端《きょくたん》な人生《じんせい》である。

とても気《き》になる文学《ぶんがく》の疑問《ぎもん》

『枕草子《まくらのそうし》』には「蚊《か》のまつげの落《お》ちる音《おと》」が聞《き》こえる人《ひと》が出《で》てきます。どれほど耳《みみ》がいいの？

普段《ふだん》はマンガやアニメの世界《せかい》を扱《あつか》っているが、ここでは珍《めずら》しく日本古典文学《にほんこてんぶんがく》の謎《なぞ》に迫《せま》ってみたい。中学《ちゅうがく》の教科書《きょうかしょ》にも載《の》っている『枕草子《まくらのそうし》』に、気《き》になって仕方《しかた》のない人《ひと》が出《で》てくるのだ。『枕草子《まくらのそうし》』は、平安時代中期《へいあんじだいちゅうき》に清少納言《せいしょうなごん》が書《か》いた随筆集《ずいひつしゅう》。「春《はる》はあけぼの」の書《か》き出《だ》しが有名《ゆうめい》だが、275段《だん》は、とんでもなく耳《みみ》のよい人《ひと》について書《か》かれている。

原文《げんぶん》は次《つぎ》のとおりだ。「大蔵卿《おおくらきょう》ばかり耳《みみ》とき人《ひと》なし。まことに蚊《か》のまつげのおつるをも聞《き》きつけ給《たま》ひつべうこそありしか」。現代文《げんだいぶん》に訳《やく》すとこんな感《かん》じ。「大蔵卿《おおくらきょう》くらい耳《みみ》のいい人《ひと》はいない。本当《ほんとう》に、蚊《か》のまつげの落《お》ちる音《おと》さえ聞《き》き取《と》ってしまわれるほどだ」。

聴覚《ちょうかく》が鋭《するど》いという話《はなし》を聞《き》いて、筆者《ひっしゃ》がまず思《おも》い出《だ》すのは、帰《かえ》ってきたウルトラマンだ。怪獣図鑑《かいじゅうずかん》には「200km離《はな》れたところで針《はり》が落《お》ちる音《おと》が聞《き》こえる」などと書《か》かれている。

200kmとは東京《とうきょう》－浜松《はままつ》、もしくは東京《とうきょう》－会津若松《あいづわかまつ》の距離《きょり》。気温《きおん》15℃のとき、その距離《きょり》を音《おと》が伝《つた》わるのには9分《ふん》47秒《びょう》かかる。あれっ!? ウルトラマンは3分間《ぷんかん》しか変身《へんしん》していられないのでは？ 200km先《さき》の音《おと》が耳《みみ》に届《とど》く頃《ころ》には、変身《へんしん》が解《と》けてとっくに人間《にんげん》に戻《もど》っている。役《やく》に立《た》つのか、そのスゴい能力《のうりょく》!?

などと、帰《かえ》ってきたウルトラマンも気《き》になるが、いやいや、今回《こんかい》の題材《だいざい》は古典文学《こてんぶんがく》なんだってば。大蔵卿《おおくらきょう》とは財務大臣《ざいむだいじん》のような役職《やくしょく》で、『枕草子《まくらのそうし》』が書《か》かれた時代《じだい》は藤原正光《ふじわらのまさみつ》という人《ひと》だった。中学《ちゅうがく》の歴史《れきし》の授業《じゅぎょう》で必《かなら》ず出《で》てくる藤原道長《ふじわらのみちなが》のいとこだという。つまり、ウルトラマンと違《ちが》って、実在《じつざい》した普通《ふつう》の人類《じんるい》なのだ。

なのに、蚊《か》のまつげの落《お》ちる音《おと》が聞《き》こえる!? もちろん清少納言《せいしょうなごん》も誇張《こちょう》して書《か》いたのだと思《おも》うけれど、もし本当《ほんとう》に書《か》いてあるとおりだとすると、どれほど耳《みみ》がいいことになるのだろう。

◆蚊《か》にまつげはあるの？

そもそも、蚊《か》にまつげなんてあるのか？

蚊《か》の左右《さゆう》の目《め》は、小《ちい》さな目《め》が数百個集《すうひゃっこあつ》まってできた「複眼《ふくがん》」だ。人間《にんげん》の目《め》とは根本的《こんぽんてき》に構造《こうぞう》が違《ちが》うから、まつげなんてあるはずが……と思《おも》いながら蚊《か》の顕微鏡写真《けんびきょうしゃしん》を見《み》てみると、おお、複眼《ふくがん》の周囲《しゅうい》に、複眼《ふくがん》の直径《ちょっけい》の半分《はんぶん》ほどの長《なが》さの毛《け》が何本《なんぼん》も生《は》えている！

目《め》の周囲《しゅうい》に生《は》えているからには、これをまつげと呼《よ》んでもいいだろう。日本《にほん》で最《もっと》も普通《ふつう》に見《み》られるアカイエカの体長《たいちょう》は５・５㎜。写真《しゃしん》で測《はか》ると、複眼《ふくがん》の直径《ちょっけい》は０・３４㎜。まつげの長《なが》さは０・１７㎜！　かくも微小《びしょう》なまつげの存在《そんざい》を知《し》っていたとは、さすが自然《しぜん》を観察《かんさつ》する眼《め》が鋭《するど》いといわれる清少納言《せいしょうなごん》だ。

これが落《お》ちたとき、どれほどの音《おと》がするのか？　それは、まつげの重量《じゅうりょう》と落下速度《らっかそくど》によって決《き》まる。そこらの蚊《か》を捕《つか》まえてまつげを抜《ぬ》き、それを測定《そくてい》できればいいのだが、そんなことが簡単《かんたん》にできるかいっ。そこで、自分《じぶん》のまつげを測定《そくてい》してみた。

慎重《しんちょう》に抜《ぬ》いてみると、長《なが》さは６㎜。直径《ちょっけい》は０・０５㎜で、髪《かみ》の毛《け》の半分《はんぶん》ほどだ。計算《けいさん》すると、重量《じゅうりょう》は０・０１２㎎となる。蚊《か》のまつげは、長《なが》さが筆者《ひっしゃ》のまつげの35分《ぶん》の1だから、太《ふと》さも35分《ぶん》の1だとすると、重《おも》さは４万《まん》４千分《せんぶん》の１。グラムで示《しめ》すと、１千万分《せんまんぶん》の３㎎ということになる。

ものすごく軽《かる》いのはわかるが、直感的《ちょっかんてき》にわかるたとえを探《さが》すと……、う〜ん、やっぱり蚊《か》のまつげくらいの軽《かる》さですかなあ。

◆想像《そうぞう》を絶《ぜっ》する聴力《ちょうりょく》1700億倍《おくばい》！

蚊《か》のまつげの重量《じゅうりょう》はわかった。あとは落下速度《らっかそくど》がわかれば、落《お》ちる音《おと》の大《おお》きさも判明《はんめい》する。

そこで、先《さき》ほど抜《ぬ》いた自分《じぶん》のまつげをピンセットでつまみ、40㎝の高《たか》さから落《お》としてみた。空《くう》気《き》がなければ0・29秒《びょう》で落《お》ちるはずだが、実際《じっさい》には3秒《びょう》かかった。あまりに軽《かる》いため、空気《くうき》に邪魔《じゃま》されて、ゆっくりと落《お》ちるのだ。それより軽《かる》い蚊《か》のまつげは、ものすごく遅《おそ》いはず。計算《けいさん》すると、秒速《びょうそく》4㎜。これは、1分《ぷん》経《た》っても24㎝しか落下《らっか》しないという遅《おそ》さだ。

では「1千万分《せんまんぶん》の3㎎の物体《ぶったい》が秒速《びょうそく》4㎜で落下《らっか》する音《おと》」は、人間《にんげん》の耳《みみ》に聞《き》こえるのだろうか？

これも実験《じっけん》してみよう。A4の紙《かみ》を畳《たたみ》に落《お》としてみると、ファサリと音《おと》がする。半分《はんぶん》に切《き》って落《お》とすと、やはり聞《き》こえる。さらに半分《はんぶん》に切《き》って落《お》とす……という実験《じっけん》を繰《く》り返《かえ》したところ、12回目《かいめ》までは聞《き》こえ、13回目《かいめ》で聞《き》こえなくなった。最後《さいご》に落《お》としたのは、縦《たて》3・3㎜、横《よこ》2・3㎜という、なくしたらまず見《み》つかりそうもない小《ちい》さな紙片《しへん》だった。

ということは、最後《さいご》の紙片《しへん》の2倍《ばい》の「縦《たて》4・6㎜、横《よこ》3・3㎜」の紙片《しへん》が落下《らっか》する音《おと》なら、人間《にんげん》はギリギリ聞《き》き取《と》れるといっていいだろう。蚊《か》のまつげが落下《らっか》するエネルギーは、その1700億分《おくぶん》の1。それが聞《き》こえた藤原正光《ふじわらのまさみつ》は、常人《じょうじん》の1700億倍《おくばい》も優《すぐ》れた聴力《ちょうりょく》の持《も》ち主《ぬし》だ！

◆平安京《へいあんきょう》の地獄耳《じごくみみ》！

この「聴力《ちょうりょく》が常人《じょうじん》の1700億倍《おくばい》」とはどういうことか。

音《おと》の大《おお》きさは、音《おと》が出《で》た場所《ばしょ》からの「距離《きょり》×距離《きょり》」に反比例《はんぴれい》して小《ちい》さくなる。ある音《おと》が1700億分《おくぶん》の1にまで小《ちい》さくなるのは、41万倍離《まんばいはな》れたときだ。すると、普通《ふつう》の人《ひと》が耳《みみ》を10㎝まで近《ちか》づけてやっと聞《き》こえるヒソヒソ声《ごえ》が、正光《まさみつ》には41㎞離《はな》れていてもしっかり聞《き》こえる！

『枕草子《まくらのそうし》』の舞台《ぶたい》である平安《へいあん》京《きょう》は、東西《とうざい》4・5㎞、南北《なんぼく》5・2㎞の広《ひろ》さだった。41㎞先《さき》のヒソヒソ声《ごえ》まで聞《き》こえる正光《まさみつ》にとっては、完全《かんぜん》に守備範囲《しゅびはんい》。つまり、この都《みやこ》で発《はっ》せられた音《おと》は、ことごとく正光《まさみつ》の耳《みみ》に届《とど》いてしまうのだ。朝廷転覆《ちょうていてんぷく》のはかりごとなどもってのほか。清少納言《せいしょうなごん》も、正光《まさみつ》の悪口《わるくち》を口《くち》に出《だ》そうものなら、たちまち聞《き》かれてしまう。だから『枕草子《まくらのそうし》』に書《か》き記《しる》すしかなかったのかもしれませんなあ。

最後《さいご》に、筆者《ひっしゃ》がどうしても気《き》になる疑問《ぎもん》を解決《かいけつ》したい。帰《かえ》ってきたウルトラマンと正光《まさみつ》では、どちらの耳《みみ》がいいのか？（わあ、結局《けっきょく》ウルトラマンの話《はなし》！）

家《いえ》にあった普通《ふつう》サイズの針《はり》の重《おも》さを量《はか》ると、０・１gだった。これが10㎝の高《たか》さから落《お》ちるときのエネルギーは、蚊《か》のまつげが落《お》ちるエネルギーの51兆倍《ちょうばい》だ。すると、針《はり》が落《お》ちる音《おと》なら、蚊《か》のまつげが落《お》ちる音《おと》が聞《き》こえる距離《きょり》の７２００万倍遠《まんばいとお》くても聞《き》こえるはず。つまり、正光《まさみつ》が自分《じぶん》から１ｍ離《はな》れた場所《ばしょ》に、蚊《か》のまつげが落《お》ちる音《おと》を聞《き》き取《と》れるとすれば、針《はり》の落《お》ちる音《おと》が聞《き》こえる最長距離《さいちょうきょり》は７２００㎞。うひゃあ、２００㎞のウルトラマンに大圧勝《だいあっしょう》した。しかも、彼《かれ》には時間《じかん》制限《せいげん》もないから、必《かなら》ずや聞《き》こえるだろう。

遠《とお》く震旦《しんたん》・天竺《てんじく》（現在《げんざい》の中国《ちゅうごく》・インド）で落《お》ちた針《はり》の音《おと》さえ、過《あやま》たず聞《き》きつけてしまったであろう藤原正光《ふじわらのまさみつ》。う～む、昔《むかし》のニッポンには大変《たいへん》な人物《じんぶつ》がいたものだ。

とっても気《き》になる特撮《とくさつ》の疑問《ぎもん》

ゼットンに敗《やぶ》れたウルトラマン。勝《か》つ方法《ほうほう》はなかったのでしょうか？

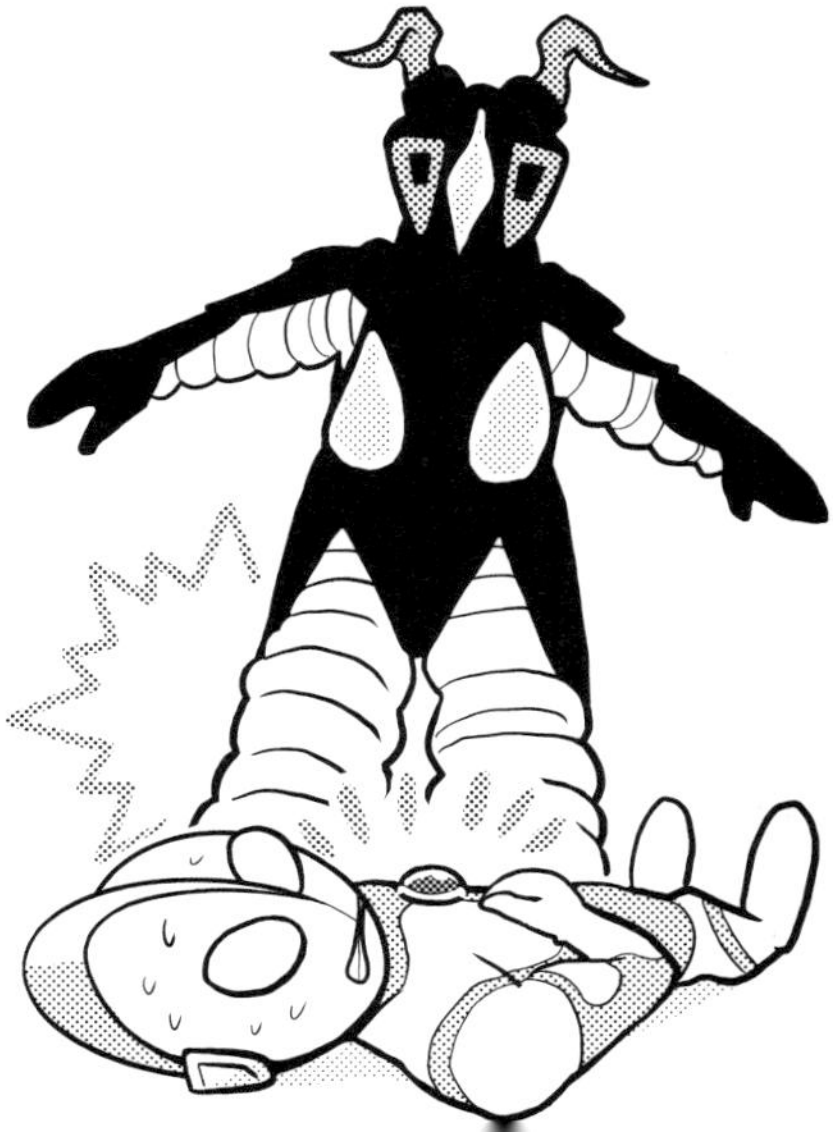

子《こ》どものときに見《み》た『ウルトラマン』の最終回《さいしゅうかい》は、あまりに衝撃的《しょうげきてき》だった。

謎《なぞ》の宇宙人《うちゅうじん》が連《つ》れてきた怪獣《かいじゅう》ゼットンに、ウルトラマンは完敗《かんぱい》。スペシウム光線《こうせん》や八《や》つ裂《ざ》き光輪《こうりん》などの必殺技《ひっさつわざ》がまったく通用《つうよう》せず、逆《ぎゃく》にゼットンの光線《こうせん》でカラータイマーを破壊《はかい》され、あえなく死《し》んでしまったのだ。KO《ノックアウト》されるまでの時間《じかん》、2分《ふん》27秒《びょう》！

その後《ご》、ゼットンは科学特捜隊《かがくとくそうたい》が開発《かいはつ》した新型爆弾《しんがたばくだん》によって倒《たお》され、ウルトラマンはゾフィーに命《いのち》をもらって復活《ふっかつ》し、M78星雲《せいうん》へと帰《かえ》っていった。

とりあえずナットクの幕引《まくひ》きだったが、当時《とうじ》5歳《さい》の筆者《ひっしゃ》にとっては「ウルトラマンが負《ま》けた」

という事実《じじつ》のほうが大問題《だいもんだい》。あんなに強《つよ》かったウルトラマンが負《ま》けた。それも、バルタン星人《せいじん》とかメフィラス星人《せいじん》とかの知的生命体《ちてきせいめいたい》が相手《あいて》ならまだしも、意思《いし》の疎通《そつう》さえマトモにできそうにないゼットンに！　宇宙人《うちゅうじん》の手下《てした》でしかないゼットンに！　……あ、微妙《びみょう》に小太《こぶと》りなゼットンに！　あ、世《よ》の中《なか》は理不尽《りふじん》だ。

あれから半世紀近《はんせいきちか》く経《た》つけれど、筆者《ひっしゃ》にとってこの件《けん》は、いまだ消化《しょうか》できないわだかまりとなっている。そろそろ決着《けっちゃく》をつけたい。ウルトラマンがゼットンに勝《か》つ方法《ほうほう》はなかったのか？

◆1兆《ちょう》℃の火《ひ》の玉《たま》とは!?

ゼットンはなぜ、ああも強《つよ》かったのだろう？　番組中《ばんぐみちゅう》では触《ふ》れられなかったが、その後刊行《ごかんこう》された怪獣図鑑《かいじゅうずかん》には次《つぎ》の記述《きじゅつ》があった。

「ゼットンが口《くち》からはく火《ひ》の玉《たま》は1兆度《ちょうど》のあつさだ」

1兆《ちょう》℃！　それはスゴい。算用数字《さんようすうじ》で書《か》けば、1000000000000℃！

1日《にち》の小遣《こづか》いがせいぜい10円《えん》だった当時《とうじ》の子《こ》どもには、まるで縁《えん》のない天文学的《てんもんがくてき》な数字《すうじ》であった。いや、1日《にち》2千円《せんえん》くらい使《つか》えるようになったいまでも縁《えん》がないケド。

これがどういうことか、科学《かがく》の面《めん》から考《かんが》えてみよう。

太陽《たいよう》の表面温度《ひょうめんおんど》が6千《せん》℃、核融合反応《かくゆうごうはんのう》が間断《かんだん》なく続《つづ》く太陽《たいよう》の中心部《ちゅうしんぶ》でさえ1500万《まん》℃。人類《じんるい》がこれまでに作《つく》り出《だ》した最高温度《さいこうおんど》は3千万《ぜんまん》℃である。これらをはるかに上回《うわまわ》る1兆《ちょう》℃とは、現在《げんざい》の宇宙《うちゅう》では、ブラックホールに吸《す》い込《こ》まれた星間《せいかん》ガスが猛烈《もうれつ》な重力《じゅうりょく》で加速《かそく》され、互《たが》いにぶつかり合《あ》うときにだけ到達《とうたつ》できる超高温《ちょうこうおん》だ。

それほどの温度《おんど》だとしたら、ゼットンの火《ひ》の玉《たま》は恐《おそ》ろしいエネルギーを持《も》っていたはずである。劇中《げきちゅう》の描写《びょうしゃ》から、火《ひ》の玉《たま》の直径《ちょっけい》を1mと仮定《かてい》しよう。この大《おお》きさでも、温度《おんど》が1兆《ちょう》℃となると、放射《ほうしゃ》されるエネルギーはとてつもない。計算《けいさん》すると、180兆《ちょう》×1兆《ちょう》×1兆《ちょうキロワット》kW。算用数字《さんようすうじ》で書《か》けば、180000000000000000000000000000000000000kW《キロワット》。あの燃《も》え盛《さか》る太陽《たいよう》が放《はな》つエネルギーの500兆倍《ちょうばい》である！

こんなモンを地上《ちじょう》で吐《は》いたら、どうなるか？

地球《ちきゅう》の上《うえ》に、太陽《たいよう》が500兆個《ちょうこ》出現《しゅつげん》したとイメージしていただきたい。その凄《すさ》まじい熱《ねつ》で、地《ち》球《きゅう》そのものが一瞬《いっしゅん》のうちに蒸発《じょうはつ》する。太陽《たいよう》も、自《みずか》らが放《はな》つ熱《ねつ》の500兆倍《ちょうばい》の熱《ねつ》を受《う》けて膨張《ぼうちょう》し、消滅《しょうめつ》する。太陽系内《たいようけいない》の水星《すいせい》、金星《きんせい》、火星《かせい》、木星《もくせい》、土星《どせい》、天王星《てんのうせい》、海王星《かいおうせい》、さらには無数《むすう》の準惑星《じゅんわくせい》や小惑星《しょうわくせい》も次々《つぎつぎ》に蒸発《じょうはつ》。その前《まえ》に、ウルトラマンはとっくに蒸発《じょうはつ》しているし、そもそもゼットン自身《じしん》が真《ま》っ先《さき》に蒸発《じょうはつ》しているはずだ。

◆他《ほか》の星《ほし》に迷惑《めいわく》かけまくり！

1兆《ちょう》℃の火《ひ》の玉《たま》による被害《ひがい》は、これらに留《とど》まらない。

高温《こうおん》の物体《ぶったい》からは、エネルギーの大半《たいはん》がγ線《ガンマせん》として放《はな》たれる。γ線《ガンマせん》とは、レントゲン撮影《さつえい》に使《つか》われるX線《エックスせん》と同類《どうるい》の放射線《ほうしゃせん》で、生物《せいぶつ》は強《つよ》いγ線《ガンマせん》を浴《あ》びると死滅《しめつ》する。

ゼットンの火《ひ》の玉《たま》は、1兆《ちょう》℃もあるため、放《はな》たれるγ線《ガンマせん》のエネルギーもハンパではない。γ線《ガンマせん》は火《ひ》の玉《たま》から放射状《ほうしゃじょう》に広《ひろ》がるので、ライトの光《ひかり》が遠《とお》くでは暗《くら》くなるように、距離《きょり》が遠《とお》くなるほど薄《うす》まっていく。とはいえ、最初《さいしょ》のエネルギーが莫大《ばくだい》なので、なかなか安全《あんぜん》なレベルにまで薄《うす》まらない。

火《ひ》の玉《たま》の燃《も》えた時間《じかん》がわずか1秒間《びょうかん》だったとしても、そのとき放《はな》たれたエネルギーが人間《にんげん》くらいの大《おお》きさの生物《せいぶつ》を即死《そくし》させせないレベルにまで薄《うす》まるのは、なんと90光年《こうねん》の彼方《かなた》。つまり、地球《ちきゅう》から90光年以内《こうねんいない》の距離《きょり》にあるすべての天体《てんたい》、明《あか》るく光《ひか》っているものだけで55個《こ》に及《およ》ぶ星《ほし》の近《ちか》くに住《す》む生物《せいぶつ》は、致死量《ちしりょう》を超《こ》えるγ線《ガンマせん》を浴《あ》びて、バタバタと死《し》んでいく……！

たとえば、地球《ちきゅう》から16光年離《こうねんはな》れたわし座《ざ》のアルタイルに、このγ線《ガンマせん》が届《とど》くのは16年後《ねんご》。こと座《ざ》のベガには27年後《ねんご》だ。七夕《たなばた》の伝説《でんせつ》の通《とお》り、天《あま》の川《がわ》を挟《はさ》んでアルタイルに彦星《ひこぼし》が、ベガに織姫《おりひめ》が暮《く》らしているとしたら、彦星《ひこぼし》さまは16年後《ねんご》、織姫《おりひめ》さまは27年後《ねんご》にお亡《な》くなりになる。

1兆《ちょう》℃の火《ひ》の玉《たま》とは、宇宙規模《うちゅうきぼ》でムチャクチャ迷惑《めいわく》な武器《ぶき》だったのだ！

◆ヤケクソで取《と》っ組《く》み合《あ》え！

うーむ。子《こ》どもの頃《ころ》のわだかまりを解《と》こうと科学的《かがくてき》に考《かんが》えた結果《けっか》、ゼットンの火《ひ》の玉《たま》は予想《よそう》をはるかに超《こ》えて恐《おそ》ろしい威力《いりょく》を持《も》っていることがわかってしまった。もはやウルトラマンが勝《か》てる気《き》が全然《ぜんぜん》しません……。

いやいや、将来《しょうらい》ある本書《ほんしょ》の読者《どくしゃ》に向《む》かって、戦《たたか》う前《まえ》から諦《あきら》めるようなコトを言《い》ってはダメだろう。ウルトラマンはもうアレコレ考《かんが》えず、玉砕覚悟《ぎょくさいかくご》でゼットンに突進《とっしん》するべきで……、あれっ⁉そうすると、なんだか一筋《ひとすじ》の光明《こうみょう》が見《み》えてくるぞ。

両者《りょうしゃ》の体格《たいかく》を比《くら》べると、ウルトラマンは身長《しんちょう》40m、体重《たいじゅう》3万《まん》5千《せん》t。ゼットンは身長《しんちょう》60m、体《たい》重《じゅう》3万《まん》t。一見《いっけん》、それほど違《ちが》わないように思《おも》えるが、人間《にんげん》サイズに縮小《しゅくしょう》してみると違《ちが》いは歴然《れきぜん》だ。ウルトラマンを身長《しんちょう》1m80㎝、体重《たいじゅう》70kgの細《ほそ》マッチョだとすると、ゼットンは身長《しんちょう》2m70㎝、体《たい》重《じゅう》60kgの異様《いよう》にヒョロリとしたヒトということになる。肉弾戦《にくだんせん》では、明《あき》らかに細《ほそ》マッチョのウルトラマンに分《ぶ》がありそうだ。

体重《たいじゅう》だけを比較《ひかく》しても、ウルトラマンの有利《ゆうり》さはわかる。ボクシングに置《お》き換《か》えれば、体重《たいじゅう》70

kgのウルトラマンはミドル級《きゅう》である。60kgのゼットンは、それより4階級《かいきゅう》も下《した》のライト級《きゅう》。計算《けいさん》すると、互《たが》いに同《おな》じスピードのパンチを放《はな》った場合《ばあい》、ゼットンが受《う》けるダメージはウルトラマンより36％も大《おお》きい！

しかも、実《じつ》はウルトラマンは、肉弾戦《にくだんせん》を苦手《にがて》にしていない。他《ほか》の怪獣《かいじゅう》たちとの戦《たたか》いを見《み》ると、たとえばバルタン星人《せいじん》にハサミで手《て》を挟《はさ》まれたとき、ウルトラマンはウルトラチョップでハサミを叩《たた》き割《わ》っていた。対《たい》ギャンゴ戦《せん》では、同《おな》じくウルトラチョップで、くるくる回《まわ》るアンテナ状《じょう》の耳《みみ》を叩《たた》き折《お》った。ジラース戦《せん》でも、ガボラ戦《せん》でも、首《くび》のえりまきをもぎ取《と》った。ゲスラとの戦《たたか》いでは、頭《あたま》のコブまでちぎり取《と》っている。コブをちぎるって、ちょっと人間《にんげん》にはできない発想《はっそう》だと思《おも》う。

どうもこのヒーローには、相手《あいて》の特徴的《とくちょうてき》な部位《ぶい》を好《この》んで攻撃《こうげき》する傾向《けいこう》があるようだ。人間《にんげん》のケンカでいえば、相手《あいて》が長髪《ちょうはつ》なら、髪《かみ》をつかんで引《ひ》きずり倒《たお》すとか、メガネをかけていれば、メガネごと顔面《がんめん》を殴《なぐ》って戦意喪失《せんいそうしつ》させるとか。正義《せいぎ》のヒーローとしてはいかがなものかという気《き》もするが、実戦向《じっせんむ》きのストリートファイターといえよう。

ゼットン戦《せん》でも、しっかり組《く》み合《あ》えば自分《じぶん》のほうが有利《ゆうり》とわかるのではないだろうか。そうなったら本領発揮《ほんりょうはっき》。まずはあのシャレた帽子掛《ぼうしか》けみたいな角《つの》を叩《たた》き折《お》り、ピカピカ光《ひか》る胸《むね》にパンチ

を続《つづ》けざまに叩《たた》き込《こ》もう。３分《ぷん》しか戦《たたか》えないウルトラマンに、次《つぎ》のラウンドはないのだから、すべてかなぐり捨《す》てて一気呵成《いっきかせい》にラッシュすべし。こうすれば、ウルトラマンはゼットンに勝《か》てるはず。いや、絶対《ぜったい》に勝《か》っていただきたい！　半世紀《はんせいき》の時《とき》を超《こ》えて、筆者《ひっしゃ》は切《せつ》に願《ねが》います。

とっても気《き》になる昔話《むかしばなし》の疑問《ぎもん》

『ジャックと豆《まめ》の木《き》』の話《はなし》から得《え》られる教訓《きょうくん》とは何《なん》でしょうか？

民話《みんわ》や昔話《むかしばなし》には不思議《ふしぎ》な話《はなし》が多《おお》い。だが、『ジャックと豆《まめ》の木《き》』ほど理解《りかい》に苦《くる》しむ物語《ものがたり》はないのではないだろうか。世界中《せかいじゅう》の子《こ》どもたちに親《した》しまれている、このアイルランドの古《ふる》い民話《みんわ》は、科学的《かがくてき》にも、それ以外《いがい》の面《めん》でも、首《くび》を傾《かし》げたくなる事件《じけん》が次々《つぎつぎ》に出《で》てくる。

誰《だれ》でも知《し》っていると思《おも》うけど、『ジャックと豆《まめ》の木《き》』はこんな物語《ものがたり》だ。

お母《かあ》さんと二人暮《ふたりぐ》らしの少年《しょうねん》ジャックは、ある日《ひ》お母《かあ》さんに言《い》われて、牝牛《めうし》を市場《いちば》へ売《う》りにいく。牝牛《めうし》は貧《まず》しい親子《おやこ》の最後《さいご》の財産《ざいさん》だった。

だが、途中《とちゅう》で見知《みし》らぬおじいさんに出会《であ》ったジャックは、牝牛《めうし》を魔法《まほう》の豆《まめ》5粒《つぶ》と交換《こうかん》してしまう。豆《まめ》を持《も》って家《いえ》に帰《かえ》ると、お母《かあ》さんは「この馬鹿《ばか》！」と怒《おこ》って、窓《まど》から豆《まめ》を捨《す》ててしまった。

翌朝《よくあさ》二人《ふたり》が目《め》を覚《さ》ますと、捨《す》てた豆《まめ》は夜《よる》のあいだに芽《め》を出《だ》し、なんと雲《くも》に届《とど》く高《たか》さにまで生長《せいちょう》していた……！

◆すくすく育《そだ》ちすぎだと思《おも》う

まずは、科学的《かがくてき》にビックリする事件《じけん》である。豆《まめ》の木《き》の生長《せいちょう》があまりにも速《はや》い。雲《くも》の高《たか》さは低《ひく》くても500mだから、一晩《ひとばん》を12時間《じかん》とすれば、豆《まめ》は1時間《じかん》に42mも伸《の》びたことになる。1分間《ぷんかん》に70㎝！　1秒間《びょうかん》に1・2㎝！　本当《ほんとう》に見《み》る見《み》る大《おお》きくなっていったのだ。

しかも、豆《まめ》の木《き》がそれだけ伸《の》びたのは夜《よる》だった。植物《しょくぶつ》が生長《せいちょう》するには、太陽《たいよう》の光《ひかり》を浴《あ》びて光合成《こうごうせい》する必要《ひつよう》があるが、どうやって光《ひかり》を浴《あ》びたのだろう。もしかして、「豆《まめ》」というのは世《よ》を忍《しの》ぶ仮《かり》の姿《すがた》で、本当《ほんとう》は暗《くら》いところでも生長《せいちょう》するキノコ類《るい》だった……とか？

絵本《えほん》を見《み》ると、さらに不可解《ふかかい》な現象《げんしょう》が発生《はっせい》している。豆《まめ》の木《き》のあちこちに、巨大《きょだい》な豆《まめ》が実《み》をつけているのだ。それらは、おじいさんと交換《こうかん》した豆《まめ》の10倍《ばい》くらいありそうだ。

豆《まめ》の木《き》が大《おお》きいのだから、実《み》も大《おお》きいのは当然《とうぜん》、という気《き》がするが、そうではない。植物《しょくぶつ》の種子《しゅし》は、親《おや》のDNA《ディーエヌエー》を保存《ほぞん》して、次《つぎ》の世代《せだい》に引《ひ》き継《つ》ぐために存在《そんざい》する。この目的《もくてき》を果《は》たすには、蒔《ま》いたときと同《おな》じ大《おお》きさの種子《しゅし》が実《みの》ってくれないと困《こま》るのだ。ジャックの豆《まめ》のように、世代《せだい》が代《か》わるたびに10倍《ばい》くらいに巨大化《きょだいか》していたら、10世代《せだい》ほど後《のち》には地球《ちきゅう》よりデカくなってしまう！

◆とんでもない母子《ははこ》だ

科学的《かがくてき》にはまったく謎《なぞ》だが、とにかく豆《まめ》の木《き》は育《そだ》ってしまった。するとジャックは何《なん》の疑問《ぎもん》を抱《いだ》くこともなく、この豆《まめ》の木《き》をぐいぐい登《のぼ》っていく。そして雲《くも》の上《うえ》に出《で》ると、そこには人間《にんげん》の家《いえ》の何倍《なんばい》もある巨大《きょだい》な家《いえ》があった。

ジャックはそこで、巨大《きょだい》な家《いえ》に住《す》む体《からだ》の大《おお》きな奥《おく》さんから、朝《あさ》ご飯《はん》をごちそうになる。が、その途中《とちゅう》で「人食《ひとく》い鬼《おに》」とも呼《よ》ばれる主《あるじ》の大男《おおおとこ》が帰《かえ》ってきた。「腰《こし》のベルトに子牛《こうし》3匹《びき》ぶら下《さ》げていた」という描写《びょうしゃ》があるから、計算《けいさん》してみると、身長《しんちょう》は5mほど。常人《じょうじん》の3倍《ばい》ほどの大男《おおおとこ》だ。

ジャックが隠《かく》れると、大男《おおおとこ》はテーブルの上《うえ》に袋《ふくろ》から金貨《きんか》を出《だ》して数《かぞ》えはじめ、途中《とちゅう》で眠《ねむ》ってしまった。ジャックは、「これ幸《さいわ》い」と金貨《きんか》の袋《ふくろ》をつかみ、豆《まめ》の木《き》のところまで走《はし》る。そして金貨《きんか》の袋《ふくろ》を地上《ちじょう》に投《な》げ落《お》とすと、自分《じぶん》もするすると豆《まめ》の木《き》を降《お》りていった。

……って、ちょっと待《ま》て。その行為《こうい》はどう考《かんが》えても「窃盗《せっとう》」だ！

もはや科学《かがく》を超《こ》えた、民話《みんわ》にあるまじき展開《てんかい》である。主人公《しゅじんこう》が堂々《どうどう》と泥棒《どろぼう》していいのか。しかも、盗《ぬす》んだ金額《きんがく》がハンパではない。絵本《えほん》の挿絵《さしえ》を計測《けいそく》すると、金貨《きんか》の直径《ちょっけい》は８㎝、厚《あつ》さは６㎜。大男《おおおとこ》が持《も》っていただけに巨大《きょだい》である。これが純金《じゅんきん》だった場合《ばあい》、重《おも》さは５８０ｇ。この原稿《げんこう》を書《か》いている２０１６年《ねん》10月《がつ》26日《にち》の金《きん》の相場《そうば》によれば、１枚《まい》の価値《かち》は２７０万円《まんえん》だ！　袋《ふくろ》の中《なか》に金貨《きんか》は10枚《まい》ほどありそうだったから、ジャックが盗《ぬす》んだ金貨《きんか》は時価《じか》２７００万円《まんえん》！

さらに驚《おどろ》くのは、ジャックが金貨《きんか》を持《も》ち帰《かえ》ると、お母《かあ》さんが大喜《おおよろこ》びで出迎《でむか》えたこと。そして親《おや》子《こ》はそのお金《かね》で暮《く》らし始《はじ》めるのだ。オイオイ、子《こ》どもがどこからか大金《たいきん》を持《も》ち帰《かえ》ったら「返《かえ》してきなさい！」と叱《しか》りつけるのが親《おや》というものじゃないのか？　なのに、このお母《かあ》さんは、子《こ》どもが盗《ぬす》んできたお金《かね》を嬉々《きき》として生活費《せいかつひ》に回《まわ》している。

いけませんなあ。息子《むすこ》に道徳観念《どうとくかんねん》が薄《うす》いのは、あんたの影響《えいきょう》だと思《おも》うぞ、お母《かあ》さん。

◆世《よ》の中《なか》、悪《わる》いヤツが得《とく》をする？

『ジャックと豆《まめ》の木《き》』の物語《ものがたり》は、さらに驚愕《きょうがく》の方向《ほうこう》へと向《む》かっていく。

親子《おやこ》はやがて、盗《ぬす》んだ推定《すいてい》２７００万円《まんえん》を使《つか》い果《は》たし、ジャックはふたたび豆《まめ》の木《き》に登《のぼ》っていくのだ。一度目《いちどめ》に金貨《きんか》を盗《ぬす》んだのは「出来心《できごころ》」だったかもしれないが、二度目《にどめ》は違《ちが》う。初《はじ》めから、何《なに》か盗《ぬす》む気満々《きまんまん》である。ああ、この母子《ははこ》に良心《りょうしん》などないのか。

ジャックがいとも簡単《かんたん》に再犯《さいはん》に手《て》を染《そ》めたことも驚《おどろ》きだが、筆者《ひっしゃ》が注目《ちゅうもく》したのは、再犯《さいはん》に至《いた》った時期《じき》である。豆《まめ》は春《はる》に芽《め》を出《だ》し、秋《あき》には枯《か》れる。再《ふた》び豆《まめ》の木《き》に登《のぼ》ったということは、春《はる》に育《そだ》った豆《まめ》の木《き》がまだ枯《か》れていなかったということだ。つまり最初《さいしょ》の犯行《はんこう》から、まだ半年《はんとし》と経《た》っていない！　なのにジャック母子《ははこ》は、すでに2700万円《まんえん》を使《つか》い果《は》たした!?　なんと金遣《かねづか》いの荒《あら》い人《ひと》たちであろう。そういう金銭感覚《きんせんかんかく》だから、貧乏《びんぼう》になったんだと思《おも》うぞ。

ともあれ、二度目《にどめ》の窃盗《せっとう》で、ジャックは金《きん》の卵《たまご》を産《う》むニワトリを手《て》に入《い》れる。これはスゴいお宝《たから》だ。ニワトリの卵《たまご》は通常《つうじょう》70g前後《ぜんご》。「金《きん》の卵《たまご》」がこの大《おお》きさで、しかも純金《じゅんきん》だとしたら、1個《こ》が1・4kg。やはり10月《がつ》26日《にち》の相場《そうば》で計算《けいさん》すると、なんと650万円《まんえん》！　ニワトリは毎日卵《まいにちたまご》を産《う》むから、母子《ははこ》の年収《ねんしゅう》は23億《おく》7千万円《せんまんえん》ということに……！

ところが、母子《ははこ》の貪婪《どんらん》さは止《と》まるところを知《し》らない。これだけの収入《しゅうにゅう》があるにもかかわらず、ジャックは大男《おおおとこ》の家《いえ》へ三度目《さんどめ》の盗《ぬす》みに入《はい》るのだ。もはや、金《かね》の亡者《もうじゃ》ですなあ。

そしてこのとき、ついに一線《いっせん》を越《こ》えた。時価数億円《じかすうおくえん》は下《くだ》らない金《きん》の竪琴《たてごと》を盗《ぬす》んだだけでなく、追《お》いかけてきた大男《おおおとこ》から逃《のが》れようと、ジャックは地上《ちじょう》に着《つ》いた途端《とたん》、豆《まめ》の木《き》を切《き》り倒《たお》したのである。豆《まめ》の木《き》を降《お》りてくる途中《とちゅう》だった大男《おおおとこ》は真《ま》っ逆《さか》さまに墜落《ついらく》、頭《あたま》を割《わ》って死《し》んでしまう。ジャックはついに、殺人《さつじん》まで犯《おか》してしまったのだ……。

ああ、なんという救《すく》いのない物語《ものがたり》か。民話《みんわ》では普通《ふつう》、何《なに》かしらの教訓《きょうくん》が語《かた》られているものだが、われわれはこの凄惨《せいさん》な物語《ものがたり》から、いったい何《なに》を学《まな》び取《と》ればいいのだろう。どう考《かんが》えても、単《たん》に「悪《わる》いやつが得《とく》をする」というイヤなお話《はなし》としか思《おも》えないのだが……。

謎《なぞ》めいた展開《てんかい》の多《おお》いこの話《はなし》が、なぜ多《おお》くの国《くに》で子《こ》どもたちに語《かた》り継《つ》がれているのだろうか。考《かんが》えてみれば、これが最大《さいだい》の謎《なぞ》である。

とっても気《き》になるアニメの疑問《ぎもん》

アンパンマンの必殺技《ひっさつわざ》アンパンパンチ、威力《いりょく》はどれほどですか？

子《こ》どもたちに愛《あい》される『それいけ！　アンパンマン』。物語《ものがたり》の終盤《しゅうばん》は、だいたいこんな展開《てんかい》だ。ばいきんまんは、アンパンマンの顔《かお》が水《みず》に弱《よわ》いことを知《し》っていて、バイキンＵＦＯ《ユーフォー》から放水攻《ほうすいこう》撃《げき》などを仕掛《しか》ける。アンパンマンは「顔《かお》が濡《ぬ》れて力《ちから》が出《で》ない……」という劣勢《れっせい》に。そこへジャムおじさんやバタコさんが駆《か》けつけ、新《あたら》しい顔《かお》と取《と》り替《か》えてくれる。これでアンパンマンは「元気《げんき》１００倍《ばい》、アンパンマン！」。右腕《みぎうで》をグルグル回《まわ》しながらバイキンＵＦＯ《ユーフォー》に突進《とっしん》し、「ア～ンパンチ！」と叫《さけ》んでパンチをぶちかます。殴《なぐ》られたＵＦＯ《ユーフォー》は「バイバイキ～ン！」と叫《さけ》ぶばいきんまんを乗《の》せたまま、空《そら》の彼方《かなた》に飛《と》んでいき、最後《さいご》にキラ～ンと光《ひか》って消《き》えるのでした……。

ふ〜む。毎度《まいど》の展開《てんかい》なのでうっかり見過《みす》ごしてしまいそうになるが、これは科学的《かがくてき》に、なかなかすごい行為《こうい》ではないだろうか。パンチでUFO《ユーフォー》を飛《と》ばすだけでもビックリなのに、そのUFO《ユーフォー》は「空《そら》の彼方《かなた》に消《き》える」のだ。ここでは、アンパンチの威力《いりょく》について考《かんが》えてみよう。

◆空《そら》の彼方《かなた》で見《み》えなくなる距離《きょり》

バイキンUFO《ユーフォー》を、空《そら》の彼方《かなた》まで吹《ふ》っ飛《と》ばすアンパンチ。その威力《いりょく》は、バイキンUFO《ユーフォー》が重《おも》いほど、また飛《と》んでいった速《はや》さが速《はや》いほど、ものすごかったことになる。

まず、重《おも》さを推測《すいそく》しよう。『アンパンマン大図鑑《だいずかん》』(やなせたかし原作《げんさく》／フレーベル館《かん》)に、バイキンUFO《ユーフォー》に乗《の》ったばいきんまんの絵《え》が載《の》っている。ジャムおじさんたちと比較《ひかく》すると、ばいきんまんの触角《しょっかく》を含《ふく》む身長《しんちょう》は1m50㎝ほどと思《おも》われる。これを元《もと》に、絵《え》の各部《かくぶ》を測《はか》って計算《けいさん》すると、バイキンUFO《ユーフォー》は全高《ぜんこう》2m35㎝、直径《ちょっけい》2m40㎝ということになる。体積《たいせき》は乗用車《じょうようしゃ》と同《おな》じぐらいだから、重《おも》さも乗用車《じょうようしゃ》と同《おな》じ1tと考《かんが》えよう。

続《つづ》いて、速《はや》さはどうか。『こむすびまんとらんぼうや』など3本《ぼん》のアニメで測定《そくてい》すると、アンパンチを受《う》けたバイキンUFO《ユーフォー》は、平均《へいきん》3・4秒後《びょうご》に空《そら》の彼方《かなた》で消《き》えている。物体《ぶったい》は遠《とお》く離《はな》れると見《み》えなくなるが、この大《おお》きさの物体《ぶったい》が見《み》えなくなるのは、どれほど離《はな》れたときだろう？

視力検査《しりょくけんさ》では、直径《ちょっけい》7・5㎜の「C」の字型《じがた》の記号《きごう》の1・5㎜の隙間《すきま》を5m離《はな》れて識別《しきべつ》できれば「視力《しりょく》1・0」と判定《はんてい》される。この隙間《すきま》の幅《はば》と、距離《きょり》の割合《わりあい》から計算《けいさん》すると、直径《ちょっけい》2・4mのバイキンUFO《ユーフォー》が視力《しりょく》1・0の人《ひと》に見《み》えなくなる距離《きょり》とは、8㎞だ。

すると、バイキンUFO《ユーフォー》は、わずか3・4秒《びょう》で8㎞も飛《と》ばされたことになる。そのスピードは時速《じそく》8500㎞＝マッハ6・9。ライフル弾《だん》の速《はや》さはマッハ3だから、その2・3倍《ばい》！

◆パンチの速度《そくど》がものすごい！

こうしてアンパンチは、1tものバイキンUFO《ユーフォー》を、マッハ6・9でぶっ飛《と》ばすという途轍《とてつ》もない技《わざ》であることがわかった。いったいどうすれば、こんなパンチが打《う》てるのだろうか。

アンパンマンは、アンパンチを放《はな》つとき、腕《うで》をグルグル回《まわ》しながら空中《くうちゅう》を突進《とっしん》し、当《あ》たる直前《ちょくぜん》に拳《こぶし》を止《と》めてまっすぐ前《まえ》に突《つ》き出《だ》す。科学的《かがくてき》に考《かんが》えれば、殴《なぐ》る直前《ちょくぜん》に止《と》めるなら、グルグル回《まわ》しても意味《いみ》はない。これは一種《いっしゅ》の準備運動《じゅんびうんどう》なのか？　アンパンマンをもってしても、準備運動《じゅんびうんどう》をしなければケガをするかもしれない超危険《ちょうきけん》な攻撃技《こうげきわざ》。それがアンパンチなのだと理解《りかい》しよう。

そして、拳《こぶし》をまっすぐに突《つ》き出《だ》して激突《げきとつ》する以上《いじょう》、アンパンチの威力《いりょく》は、その全身運動《ぜんしんうんどう》から生《う》み出《だ》されていることになる。アンパンマンは、バイキンUFO《ユーフォー》より明《あき》らかに軽《かる》いから、大変《たいへん》なスピードでぶつかっているということだ。

詳《くわ》しく見《み》てみよう。本書《ほんしょ》P43にも書《か》いたが、筆者《ひっしゃ》は前著《ぜんちょ》『ジュニア空想科学読本《くうそうかがくどくほん》①』でアンパンマンの頭《あたま》のアンパンの重《おも》さを計算《けいさん》し、112kgという結果《けっか》を得《え》た。同《おな》じ体格《たいかく》の人間《にんげん》をもとにすると、アンパンマンの首《くび》から下《した》の重量《じゅうりょう》は15kgと見《み》られる。112kg＋15kgで、アンパンマンの全《ぜん》身体重《しんたいじゅう》は127kgということになる。

これは、バイキンUFO《ユーフォー》の7・9分《ぶん》の1の重《おも》さだ。自分《じぶん》の7・9倍《ばい》も重《おも》いものをぶっ飛《と》ばすには、相手《あいて》が飛《と》んでいく速《はや》さの7・9倍《ばい》のスピードでぶつからなければならない。その速度《そくど》とは、なんとマッハ55！

国際宇宙《こくさいうちゅう》ステーションの2・3倍《ばい》というメチャクチャな速《はや》さである。そのエネルギーは、バイキンUFO《ユーフォー》をぶっ飛《と》ばすのと、バイキンUFO《ユーフォー》そのものを破壊《はかい》するのに使《つか》われる。破壊《はかい》に使《つか》われるエネルギーは、直径《ちょっけい》51mの岩石《がんせき》を木《こ》っ端微塵《ぱみじん》に打《う》ち砕《くだ》くほど！　こんなパンチを食《く》らって、バイキンUFO《ユーフォー》はなぜ壊《こわ》れない？　ばいきんまんも、なぜ死《し》なない？　不思議《ふしぎ》だなあ。

◆頭《あたま》がスポーン！と飛《と》んでいく

愛《あい》と勇気《ゆうき》だけが友達《ともだち》のアンパンマンなのに、なんだか凄惨《せいさん》な話《はなし》になってきた。だが、筆者《ひっしゃ》はこここからさらにヒドい話《はなし》をしなければならない。ああ、科学《かがく》とは非情《ひじょう》だなあ。

それは、アンパンチが決《き》まった後《あと》の、アンパンマンの運命《うんめい》だ。

パンチが当《あ》たるまで、アンパンマンはマッハ55で運動《うんどう》していた。だが、ぶつかった直後《ちょくご》、バイキンUFO《ユーフォー》は飛《と》んでいき、アンパンマンはその場《ば》に留《とど》まる。これはアンパンマンの立場《たちば》から見《み》ると、バイキンUFO《ユーフォー》にぶつかることによって、マッハ55のスピードに急《きゅう》ブレーキがかかり、最後《さいご》に自分《じぶん》の力《ちから》で止《と》まったということだ。

だが、アンパンマンの体《からだ》には、ブレーキがかからない部分《ぶぶん》もある。それは頭《あたま》のアンパン！

ジャムおじさんは、アンパンマンの古《ふる》い頭《あたま》と新《あたら》しい頭《あたま》を、苦《く》もなくヒョイと交換《こうかん》する。これは、アンパンマンの頭《あたま》と胴体《どうたい》は一体化《いったいか》していないということだ。するとバイキンUFO《ユーフォー》にぶつかって、体《からだ》が止《と》まっても、頭《あたま》は慣性《かんせい》の法則《ほうそく》にしたがって、マッハ55のまま運動《うんどう》し続《つづ》けようとするだろう。すなわち、頭《あたま》だけがスポーン！と外《はず》れ、マッハ55でスッ飛《と》んでいく。ムゴい！

さらにムゴいのは、頭《あたま》がマッハ55で飛《と》んでいく先《さき》には、必《かなら》ずやバイキンUFO《ユーフォー》があることだ。このUFO《ユーフォー》の速度《そくど》はマッハ6・9だから、たちまち追《お》いつき、激突《げきとつ》してしまう。その結果《けっか》、パンは潰《つぶ》れ、アンコは飛《と》び散《ち》る。これではアンパンチならぬ「アン頭突《ずつ》き」だ。それなりに威力《いりょく》はあるかもしれないが、なんだか食《た》べ物《もの》を粗末《そまつ》に扱《あつか》っているようで、罪悪感《ざいあくかん》に打《う》ちひしがれそう……。

う〜む、われらがアンパンマンのアンパンチを科学的《かがくてき》に考《かんが》えると、なんとも恐《おそ》ろしいことになってしまった。もちろん劇中《げきちゅう》ではそんな壮絶《そうぜつ》なことにはなっていないわけだが、もしアンパンチのたびに、いちいち頭《あたま》が飛《と》んでいってUFO《ユーフォー》に激突《げきとつ》↓飛散《ひさん》ということになっても、たぶん大丈夫《だいじょうぶ》。ジャムおじさんは、毎《まい》日《にち》新《あたら》しい頭《あたま》を焼《や》いてくれる。なるほど確《たし》かに、アンパンチはアンパンマンにしか使《つか》えない技《わざ》なのだなあ。

とっても気《き》になるマンガの疑問《ぎもん》

アンドロメダまで乗《の》り放題《ほうだい》！銀河鉄道《ぎんがてつどう》999《スリーナイン》の定期代《ていきだい》はいくらなのでしょう？

『銀河鉄道999《ぎんがてつどうスリーナイン》』はうらやましすぎる物語《ものがたり》だった。主人公《しゅじんこう》・星野鉄郎《ほしのてつろう》は、絶世《ぜっせい》の美女《びじょ》メーテルと二人《ふたり》で宇宙列車《うちゅうれっしゃ》に乗《の》って、地球《ちきゅう》からアンドロメダまで旅《たび》をするのだ。しかも、彼《かれ》が999号《スリーナインごう》に乗《の》れたのは、メーテルから定期券《ていきけん》をタダでもらったから。

その定期《ていき》は、乗車区間《じょうしゃくかん》が「地球《ちきゅう》⇕アンドロメダ」、期限《きげん》は「無期限《むきげん》」。そのうえ、旅《たび》に必要《ひつよう》なお金《かね》は銀河鉄道株式会社《ぎんがてつどうかぶしきがいしゃ》が全額《ぜんがく》出《だ》してくれるという驚異《きょうい》のオプション付《つ》き！　鉄郎《てつろう》ってどんだけラッキーなのか！

そこで気《き》になるのは、鉄郎《てつろう》が手《て》に入《い》れた定期《ていき》の、正規《せいき》の料金《りょうきん》だ。「地球《ちきゅう》⇕アンドロメダ」の無《む》

期限定期《きげんていき》は、実際《じっさい》に購入《こうにゅう》したらいくらなのだろうか。物語《ものがたり》の舞台《ぶたい》は西暦《せいれき》2221年《ねん》だが、ここでは現代《げんだい》に置《お》き換《か》えて考《かんが》えてみよう。

◆単位《たんい》は何《なん》だろう？

「地球《ちきゅう》⇕アンドロメダ」の定期券《ていきけん》の料金《りょうきん》は、実《じつ》は劇場版《げきじょうばん》のアニメ『銀河鉄道《ぎんがてつどう》999《スリーナイン》』で、数値《すうち》だけが明《あき》らかになっている。物語《ものがたり》の冒頭《ぼうとう》、いかにも裕福《ゆうふく》そうな機械化人間《きかいかにんげん》が自動販売機《じどうはんばいき》で定期《ていき》を買《か》おうとしたところ、販売機《はんばいき》に次《つぎ》の数字《すうじ》が表示《ひょうじ》されていたのだ。

「245 155 000」

すごい金額《きんがく》らしいことはわかるが、通貨《つうか》の単位《たんい》がわからない。日本円《にほんえん》なら、2億《おく》4515万《まん》5千円《せんえん》。米《べい》ドルで2億《おく》4515万《まん》5千《せん》ドルなら、これを書《か》いている本日《ほんじつ》のレートで約《やく》267億円《おくえん》。韓国《かんこく》ウォンなら、同《おな》じく約《やく》2550万円《まんえん》。う〜む、単位《たんい》がわからないから、価値《かち》も全然《ぜんぜん》わからんなあ。

いずれにしても、安《やす》くない金額《きんがく》だろう。作中《さくちゅう》、宿屋《やどや》の主人《しゅじん》が「あんたらの定期《ていき》の価値《かち》に比《くら》べたら、わしらの家《いえ》の1軒《けん》や2軒《けん》」とか言《い》っていたし。でも、それほど高価《こうか》なものを、定期券《ていきけん》という紙切《かみき》れ一枚《いちまい》にして持《も》ち歩《ある》くのは、いったいどうなのか。うっかり落《お》としたり、ポケットに入《い》れた

まま洗濯《せんたく》したり、醤油《しょうゆ》をこぼしたりしたらどうするんだ!?

◆腰《こし》が抜《ぬ》けるほど高《たか》いなあ！

定期代《ていきだい》の実際《じっさい》の金額《きんがく》は、「245 155 000」の通貨単《つうかたん》位《い》がわからない以上《いじょう》、現実《げんじつ》の鉄《てつ》道運賃《どううんちん》から推測《すいそく》していくほかあるまい。そこで、JR東日本《ひがしにほん》の運賃体系《うんちんたいけい》(1996年《ねん》〜現在《げんざい》)を調《しら》べてみた。

鉄道運賃《てつどううんちん》は基本的《きほんてき》に、乗車距《じょうしゃきょ》離《り》に「賃率《ちんりつ》」と呼《よ》ばれる数字《すうじ》をかけて、これに消費税《しょうひぜい》がつく。賃率《ちんりつ》は距離《きょり》が長《なが》いほど安《やす》くなり、

３００km以下《いか》なら１kmあたり16・２円《えん》、６００kmを超《こ》えると７・０５円《えん》だ。地球《ちきゅう》からアンドロメダまでは明《あき》らかに６００kmを超《こ》えるから、ここでは１kmあたり７・０５で計算《けいさん》しよう。

では、地球《ちきゅう》からアンドロメダまで何《なん》kmあるのか。『理科年表《りかねんぴょう》』では２３０光年《こうねん》とされているが、作中《さくちゅう》、車掌《しゃしょう》さんが示《しめ》した数字《すうじ》は、２２８万《まん》３８５６光年《こうねん》。「km」の単位《たんい》に直《なお》せば、２１６０京《けい》km。「京《けい》」とは「兆《ちょう》」の１万倍《まんばい》で、これが片道《かたみち》の距離《きょり》だ。ここから計算《けいさん》すると、７・０５×２１６０京《けい》＝１垓《がい》５２００京円《けいえん》。これに１２００京円《けいえん》という失神《しっしん》しそうな消費税《しょうひぜい》(８%)がついて、１垓《がい》６４００京円《けいえん》。これが地球《ちきゅう》↓アンドロメダの片道切符《かたみちきっぷ》一枚《いちまい》の値段《ねだん》ということになる。

片道切符《かたみちきっぷ》だけでもこんなに高《たか》いのに、無期限《むきげん》の定期券《ていきけん》だとどうなるのか。現実《げんじつ》の鉄道《てつどう》に無期限《むきげん》の定期《ていき》は存在《そんざい》しないから、これも推測《すいそく》しよう。

ＪＲ東日本《ひがしにほん》の通勤定期《つうきんていき》は、１カ月《げつ》・３カ月《げつ》・６カ月《げつ》の３種類《しゅるい》。乗車距離《じょうしゃきょり》１００kmの金額《きんがく》は次《つぎ》のようになっている。

期間《きかん》	金額《きんがく》	１カ月《げつ》あたりの金額《きんがく》
１カ月《げつ》	４万《まん》６６５０円《えん》	４万《まん》６６５０円《えん》
３カ月《げつ》	13万《まん》２９４０円《えん》	４万《まん》４３１３円《えん》
６カ月《げつ》	23万《まん》９５００円《えん》	３万《まん》９９１７円《えん》

まずわかるのは、有効期限《ゆうこうきげん》が長《なが》いほど、1ヵ月《げつ》あたりの金額《きんがく》が安《やす》くなっていることだ。さらに細《こま》かく分析《ぶんせき》すると、おお、1ヵ月《げつ》あたりの金額《きんがく》は、3ヵ月定期《げっていき》が1ヵ月定期《げっていき》の95%、6ヵ月定期《げっていき》が3ヵ月定期《げっていき》の90%と、5%ずつ安《やす》くなっている！

これを繰《く》り返《かえ》していくと、21ヵ月定期《げっていき》までは総額《そうがく》が増《ふ》えていくが、それより期間《きかん》の長《なが》い定期《ていき》からは割引率《わりびきりつ》が大《おお》きくなりすぎて、逆《ぎゃく》に総額《そうがく》の料金《りょうきん》が下《さ》がってしまう。だったら鉄道会社《てつどうがいしゃ》としては、どんなに期間《きかん》の長《なが》い定期《ていき》も、21ヵ月定期《げっていき》として売《う》り出《だ》したほうがいいだろう。その金額《きんがく》は、同《おな》じ距離《きょり》の片道料金《かたみちりょうきん》の257倍《ばい》だ。

銀河鉄道株式会社《ぎんがてつどうかぶしきがいしゃ》が、これと同《おな》じ料金《りょうきん》システムを採《と》ったとしたら、銀河鉄道《ぎんがてつどう》999号《スリーナインごう》の無期限《むきげん》定期代《ていきだい》は、片道《かたみち》1垓《がい》6400京円《けいえん》×257＝423垓円《がいえん》！　実《じつ》に日本《にほん》の国家予算《こっかよさん》の4億年分《おくねんぶん》である。むひょ〜、高《たか》い。高《たか》いにもホドがあるぞ、銀河鉄道株式会社《ぎんがてつどうかぶしきがいしゃ》！

◆豪華客船《ごうかきゃくせん》と比《くら》べてみたら？

定期代《ていきだい》が国家予算《こっかよさん》4億年分《おくねんぶん》とはあまりにも高《たか》い。もう少《すこ》し安《やす》い可能性《かのうせい》はないのだろうか。

銀河鉄道《ぎんがてつどう》999号《スリーナインごう》の旅《たび》は、実《じつ》にのんびりしたものだった。1年《ねん》かけて地球《ちきゅう》とアンドロメダを往復《おうふく》する予定《よてい》で、マンガに描《えが》かれた行《い》きの旅《たび》では77の星《ほし》に停車《ていしゃ》した。

停車時間《ていしゃじかん》も長《なが》く、その星《ほし》の１日《にち》。もちろん、自転《じてん》の速《はや》さは星《ほし》によって違《ちが》うから、その星《ほし》の１日《にち》が地球時間《ちきゅうじかん》の１日《にち》とは限《かぎ》らない。最《もっと》も長《なが》く停車《ていしゃ》していたのは、土星《どせい》の衛星《えいせい》「タイタン」で地球時間《ちきゅうじかん》の16日《にち》。最《もっと》も短《みじか》かったのが「黒騎士《くろきし》の星《ほし》」と「エルアラメイン」の10分《ぷん》。77の駅《えき》のすべての停車時間《ていしゃじかん》を合計《ごうけい》していくと、１５８日《にち》11時間《じかん》５分《ふん》48秒《びょう》である。実《じつ》に往復時間《おうふくじかん》の４割以上《わりいじょう》も停《と》まっていたわけで、まるで豪華客船《ごうかきゃくせん》による世界一周《せかいいっしゅう》クルーズだ。

そこで、豪華客船《ごうかきゃくせん》「飛鳥《あすか》II」の「世界一周《せかいいっしゅう》１１２日間《にちかん》クルーズ」について調《しら》べてみると、23の寄港地《きこうち》を巡《めぐ》り、料金《りょうきん》は一人《ひとり》４９３万《まん》〜２７８５万円《まんえん》。鉄郎《てつろう》たちはいちばん安《やす》い２等車《とうしゃ》に乗《の》っていたから、ここでは最低料金《さいていりょうきん》の４９３万円《まんえん》を基準《きじゅん》に考《かんが》えよう。金額《きんがく》が止《と》まる場所《ばしょ》の数《かず》に比例《ひれい》するなら、９９９号《スリーナインごう》の料金《りょうきん》は往復《おうふく》１６５０万円《まんえん》で、片道《かたみち》８２５万円《まんえん》。無期限定期《むきげんていき》の料金《りょうきん》は、前述《ぜんじゅつ》のように２５７倍《ばい》すると、21億《おく》２千万円《せんまんえん》。お、これってなかなか妥当《だとう》な線《せん》ではないだろうか。

◆宇宙《うちゅう》ラーメンは10円《えん》!?

ここで筆者《ひっしゃ》は、気《き》になるコマを見《み》つけてしまった。９９９号《スリーナインごう》には食堂車《しょくどうしゃ》があり、そこのメニューに「ビーフステーキ１１００　カニコロッケ６００　(何《なに》かの)フライ７００」と書《か》かれていたのだ。う〜む、またしても単位《たんい》がわからない。

だが、鉄郎《てつろう》は、21番目《ばんめ》に訪《おとず》れた名称不明《めいしょうふめい》の星《ほし》で喫茶店《きっさてん》に入《はい》り、ミックスジュースを注文《ちゅうもん》したとき「10円《えん》とは安《やす》いなあ〜〜」と驚《おどろ》いている。また、「昨日《きのう》の歌《うた》を歌《うた》う星《ほし》」では、白骨化《はっこつか》した男《おとこ》がタマゴを売《う》りにきた。これも10円《えん》。鉄郎《てつろう》は「立派《りっぱ》なタマゴなのにずいぶん安《やす》いね」と感想《かんそう》を述《の》べている。「かじられ星《ぼし》」に停《と》まったときも、食《た》べたラーメンは10円《えん》だった。

ということは、物語世界《ものがたりせかい》の中《なか》の通貨単位《つうかたんい》も「日本円《にほんえん》」なの？　西暦《せいれき》２２２1年《ねん》には、全宇宙《ぜんうちゅう》の標準通貨《ひょうじゅんつうか》が「円《えん》」になっているのか。だったら、劇場版《げきじょうばん》の冒頭《ぼうとう》に出《で》てきた「２４５ １５５ ０００」という数字《すうじ》も、あっさり2億《おく》４５１５万《まん》5千円《せんえん》で決《き》まりなんでしょーか。巡《めぐ》り巡《めぐ》って、最初《さいしょ》の答《こた》えがやっぱり正解《せいかい》？

ああ、ここまでの7ページはなんだったのか。……虚《むな》しい。虚《むな》しすぎる！　この傷心《しょうしん》を癒《いや》しに、一人旅《ひとりたび》にでも出《で》るかなあ。

とっても気《き》になるマンガの疑問《ぎもん》

『銀魂《ぎんたま》』のマヨラー・土方《ひじかた》さんは、あんなにマヨネーズを摂取《せっしゅ》して大丈夫《だいじょうぶ》なのですか?

『銀魂《ぎんたま》』の土方十四郎《ひじかたとうしろう》は、江戸《えど》を守《まも》る武装警察《ぶそうけいさつ》「真選組《しんせんぐみ》」の副長《ふくちょう》である。クールな美男子《びなんし》で、刀《かたな》を抜《ぬ》けば鬼神《きしん》のごとく戦《たたか》う。局長《きょくちょう》の近藤勲《こんどういさお》は「研《と》ぎすまされた奴《やつ》の剣《けん》は鉄《てつ》をも切《き》り裂《さ》く」と土方《ひじかた》の剣技《けんぎ》を認《みと》め、無頼者《ぶらいもの》の集《あつ》まりだった真選組《しんせんぐみ》が武士《ぶし》らしくなったのは、土方《ひじかた》が作《つく》った「局中法《きょくちゅうはっ》度《と》」45か条《じょう》のおかげだと感謝《かんしゃ》する。土方《ひじかた》もまた「俺《おれ》の大将《たいしょう》はあの頃《ころ》から近藤《こいつ》だけだよ」と、近藤《こんどう》を心《こころ》から信頼《しんらい》している。実《じつ》にいいコンビなのだ。

このカッコいい土方《ひじかた》が並外《なみはず》れたマヨラーなのだから、人間《にんげん》はわからない。ヤキソバやチャーハンにはもちろん(?)お茶漬《ちゃづ》けにも山盛《やまも》りにかける。極《きわ》めつけは、マヨネーズがご飯《はん》の上《うえ》にトグロ

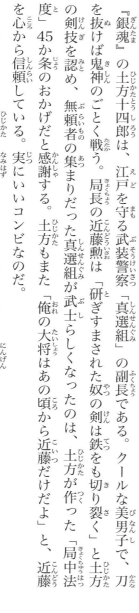

を巻《ま》く「土方《ひじかた》スペシャル」！　人間《にんげん》とは、こんなにマヨネーズを摂取《せっしゅ》して大丈夫《だいじょうぶ》なのだろうか。

◆マヨまみれの人生《じんせい》！

土方《ひじかた》のマヨネーズ消費量《しょうひりょう》は常軌《じょうき》を逸《いっ》している。どのくらい摂取《せっしゅ》しているのか、マンガのコマから割《わ》り出《だ》してみよう。

ヤキソバにかけたマヨネーズは直径《ちょっけい》15㎝、高《たか》さ5㎝ほどの円盤状《えんばんじょう》。まるで焼《や》く前《まえ》のどろどろのホットケーキが載《の》っているかのよう。このときの推定《すいてい》マヨネーズ重量《じゅうりょう》は420gだ！　それでも「たりないんだけどォォ！」と不満《ふまん》を漏《も》らしているのだから、底《そこ》の知《し》れないマヨラーである。

別《べっ》の場面《ばめん》で推定《すいてい》すると、カツ丼《どん》には880g。また、定食屋《ていしょくや》で食《た》べた「土方《ひじかた》スペシャル」には990gかけていた。これらについては文句《もんく》を言《い》っていなかったので、とりあえずこれぐらいかければ満足《まんぞく》するらしい。

いちばんすごかったのは、喫茶店《きっさてん》で食《た》べた「土方《ひじかた》スペシャル」。マンガの描写《びょうしゃ》から推測《すいそく》すると、丼《どんぶり》ご飯《はん》に投下《とうか》された山盛《やまも》りのマヨネーズは、直径《ちょっけい》20㎝、高《たか》さ14㎝に及《およ》ぶ。これだけですでに丼《どんぶり》からこぼれ落《お》ちそうなのに、まだニュルルルと絞《しぼ》り出《だ》していた。現状《げんじょう》かかっている分《ぶん》だけでも2・3㎏はあるぞ！

これらの使用量《しようりょう》から考《かんが》えると、土方《ひじかた》は一回《いっかい》の食事《しょくじ》で平均《へいきん》1kgほどのマヨネーズを摂取《せっしゅ》していると見《み》られる。独立行政法人産業技術総合研究所《どくりつぎょうせいほうじんさんぎょうぎじゅつそうごうけんきゅうしょ》が２００７年《ねん》に発表《はっぴょう》した「油脂類摂取量《ゆしるいせっしゅりょう》」の報告《ほうこく》によると、マヨネーズ・ドレッシング類《るい》の1日一人《にちひとり》あたりの購入量《こうにゅうりょう》は４・０gだというから、土方《ひじかた》の1kgとはその２５０倍《ばい》！　しかも一食《いっしょく》で！

また、日本《にほん》でいちばんよく売《う》れているマヨネーズは「キユーピーマヨネーズ４５０g」らしいのだが、土方《ひじかた》もこれを愛用《あいよう》しているとすれば、一回《いっかい》の食事《しょくじ》で軽《かる》く2本《ほん》は使《つか》い切《き》るわけだ。朝昼晩《あさひるばん》とも同《おな》じ量《りょう》を摂《と》るなら、1日《にち》6本《ぽん》！　あまりにマヨまみれの人生《じんせい》である。

これだけのマヨネーズを消費《しょうひ》するとなると、土方《ひじかた》は相当《そうとう》な金額《きんがく》をマヨネーズにつぎ込《こ》んでいるはずだ。たとえば、チェーン店《てん》の牛丼《ぎゅうどん》なら３００円前後《えんぜんご》で食《た》べられるし、筆者《ひっしゃ》が知《し》っているチェーン店《てん》のカツ丼《どん》なら６５０円《えん》で食《た》べられる。一方《いっぽう》、たっぷり入《はい》ってお得《とく》なキユーピーマヨネーズ1kg大容量《だいようりょう》タイプを一食分《いっしょくぶん》として購入《こうにゅう》すると、２０１６年《ねん》10月現在《がつげんざい》７４４円《えん》(税抜《ぜいぬ》き価格《かかく》)だ！　調味料代《ちょうみりょうだい》のほうが高《たか》くつくなんて、土方副長《ひじかたふくちょう》、キミの金銭感覚《きんせんかんかく》はちょっとオカシくないか？

◆別人《べつじん》のように太《ふと》ってしまう！

こんな食生活《しょくせいかつ》を送《おく》っていたら、土方《ひじかた》の体《からだ》はどうなってしまうのだろう？

マヨネーズの原材料《げんざいりょう》のうち植物油《しょくぶつゆ》が占《し》める割合《わりあい》は、なんと70％。油《あぶら》がこれだけ多《おお》いと、摂取《せっしゅ》カロリーは大変《たいへん》なことになるはずだ。土方《ひじかた》が一回《いっかい》の食事《しょくじ》で摂《と》る1kgのマヨネーズは６６７０キロカロリー。1日《にち》3食《しょく》で2万《まん》キロカロリー！　一方《いっぽう》、土方《ひじかた》は体重《たいじゅう》64kgで、20代半《だいなか》ば。この体重《たいじゅう》・年齢《ねんれい》でよく運動《うんどう》する男性《だんせい》に必要《ひつよう》な栄養量《えいようりょう》は、1日《にち》3千《ぜん》キロカロリーだ。土方《ひじかた》は、その6・7倍《ばい》も摂取《せっしゅ》していることになる！

しかも、この2万《まん》カロリーとは、マヨネーズだけの分《ぶん》。これをかける料理《りょうり》の分《ぶん》で、すでに1日《にち》に必要《ひつよう》な栄養量《えいようりょう》は足《た》りているはずだから、マヨネーズの1日《にち》2万《まん》キロカロリーは、まるまる脂肪《しぼう》に変《か》わって体内《たいない》に蓄積《ちくせき》される運命《うんめい》だ。つまり、土方《ひじかた》は太《ふと》る！

過剰《かじょう》に摂取《せっしゅ》した栄養《えいよう》は、9キロカロリーあたり1gの脂肪《しぼう》に変《か》わる。2万《まん》キロカロリーともなると、1日《にち》に2・2kgも太《ふと》ってしまうのだ。1ヵ月後《げつご》、64kgだった彼《かれ》の体重《たいじゅう》は、なんと66kgも増《ふ》えて130kgに。そんなに太《ふと》ったら、1ヵ月《げつ》ぶりに会《あ》った友人《ゆうじん》などに「このヒト誰《だれ》？」と言《い》われてしまうのではないだろうか。

こんな食生活《しょくせいかつ》を続《つづ》けていると、土方《ひじかた》は早死《はやじ》にするのでは？　いや、その前《まえ》に、体《からだ》が重《おも》くて動《うご》けなくなり、真選組副長《しんせんぐみふくちょう》としての使命《しめい》も果《は》たせなくなりそう……。

土方《ひじかた》にはぜひとも日々《ひび》のエクササイズをオススメしたい。ダイエットといえば、やはりランニングであろう。体重《たいじゅう》64kgの彼《かれ》が1日《にち》2万《まん》キロカリーを消費《しょうひ》するために走《はし》らねばならない距離《きょり》とは……ええっ、毎日《まいにち》313km!? それって、フルマラソン7・5回分《かいぶん》である。東京《とうきょう》－名古屋《なごや》、東京《とうきょう》－仙台《せんだい》くらいの距離《きょり》がある！

毎日《まいにち》フルマラソン7・5回分《かいぶん》も走《はし》っていたら、それだけで1日《にち》が終《お》わってしまい、真選組《しんせんぐみ》の仕事《しごと》は全然《ぜんぜん》できなくなる。ああ「健康《けんこう》」と「マヨネーズ」、土方《ひじかた》はどちらを選《えら》ぶのか……？

◆もっと不健康《ふけんこう》なヤツがいた!?

『銀魂《ぎんたま》』には、土方《ひじかた》に劣《おと》らぬ不健康《ふけんこう》な生活《せいかつ》を送《おく》っている男《おとこ》がいる。誰《だれ》あろう、主人公《しゅじんこう》の坂田銀時《さかたぎんとき》その人《ひと》だ。

彼《かれ》は仕事場《しごとば》の万事屋《よろずや》に「糖分《とうぶん》」と大書《たいしょ》した額《がく》を掲《かか》げるほどの甘《あま》い物好《ものず》きで、血糖値《けっとうち》は糖尿病《とうにょうびょう》スレスレ。大好物《だいこうぶつ》のチョコレートパフェは医者《いしゃ》に「週一回《しゅういっかい》」と制限《せいげん》されている。この主人公《しゅじんこう》と土方《ひじかた》では、どっちが不健康《ふけんこう》なのだろうか？

実《じつ》は、図《はか》らずも二人《ふたり》が不健康対決《ふけんこうたいけつ》を演《えん》じたことがある。土方《ひじかた》がマヨネーズ990gの「土方《ひじかた》スペシャル」を食《た》べていた定食屋《ていしょくや》で、われらが銀《ぎん》さんも甘《あま》〜い小豆餡《あずきあん》を大量《たいりょう》にかけた「宇治銀時《うじぎんとき》丼《どん》」を食《た》べていたのだ。この二大不健康《にだいふけんこう》メニューについて、どちらが体《からだ》に悪《わる》いかを考《かんが》えてみよう。

990gのマヨネーズに含《ふく》まれているのは、エネルギー6600キロカロリー、コレステロール1・5g、塩分《えんぶん》21・2g。いずれもたった一食《いっしょく》で、1日分《にちぶん》の摂取基準量《せっしゅきじゅんりょう》の2倍《ばい》を超《こ》えている。

一方《いっぽう》の宇治銀時丼《うじぎんときどん》は？　小豆餡《あずきあん》の作《つく》り方《かた》を調《しら》べてみると、小豆《あずき》200gに対《たい》して250〜300gの砂糖《さとう》を投入《とうにゅう》するらしい。えっ、あんこってそんなに砂糖《さとう》が入《はい》ってるの？　主材料《しゅざいりょう》より調味料《ちょうみりょう》が多《おお》いって、どっちが主役《しゅやく》なんだか……という不思議《ふしぎ》な食《た》べ物《もの》である。

これはすごい勝負《しょうぶ》になりそうだ。公平《こうへい》を期《き》すため、宇治銀時丼《うじぎんときどん》の小豆餡《あずきあん》もマヨネーズと同《おな》じ990gだとしよう。すると、砂糖《さとう》の量《りょう》は573g！　コーヒーに入《い》れるスティックシュガー114本分《ほんぶん》だ！　小豆餡《あずきあん》に含《ふく》まれる栄養量《えいようりょう》は2400キロカロリー。おや、意外《いがい》に低《ひく》い……って、もはや感覚《かんかく》がすっかり土方《ひじかた》スペシャル化《か》していますなあ。

すると結論《けつろん》は、マヨネーズ6600キロカロリーvs小豆餡《あずきあん》2400キロカロリーで、不健康対決《ふけんこうたいけつ》は土方《ひじかた》の勝《か》ち……!?

いや、そうとも言《い》えないようだ。砂糖《さとう》には中毒性《ちゅうどくせい》があり、大量摂取《たいりょうせっしゅ》が習慣化《しゅうかんか》すると、次《つぎ》のような症状《しょうじょう》が出《で》るという。

「忘《わす》れっぽい」「集中力《しゅうちゅうりょく》や忍耐力《にんたいりょく》がなくなる」「感情《かんじょう》がコントロールしにくく、カッとしやすい」「苛立《いらだ》つ」「気分《きぶん》が落《お》ち着《つ》かない」「心《こころ》が空白《くうはく》になる」「頭《あたま》が混乱《こんらん》しやすい」「劣等感《れっとうかん》に悩《なや》まされる」

「いつも緊張《きんちょう》を感《かん》じる」……。おお、どれも銀《ぎん》さんに当《あ》てはまってるような気《き》も……。

土方《ひじかた》はカロリーの摂《と》り過《す》ぎで、銀《ぎん》さんは砂糖《さとう》の中毒症状《ちゅうどくしょうじょう》が出始《ではじ》めているようで、どっちもヤバい。このままでは、土方《ひじかた》は脳卒《のうそっ》中《ちゅう》か心筋梗塞《しんきんこうそく》、銀《ぎん》さんは糖尿病《とうにょうびょう》か腎不全《じんふぜん》で若《わか》くしてお亡《な》くなりになる可能性《かのうせい》も……。

う〜む、強《つよ》いキミたちのそんな未来《みらい》は見《み》たくないぞ！　どうか二人《ふたり》とも健康《けんこう》に気《き》をつけて長《なが》生《い》きしていただきたい。

とっても気《き》になる特撮《とくさつ》の疑問《ぎもん》

『仮面《かめん》ライダー』の本郷猛《ほんごうたけし》は、知能指数《ちのうしすう》600だそうです。どれくらい頭《あたま》がいいのですか？

『金田一少年《きんだいちしょうねん》の事件簿《じけんぼ》』の金田一一《きんだいちはじめ》くんは180。仮面《かめん》ライダー1号《ごう》の本郷猛《ほんごうたけし》は600。ウルトラマンや、その好敵手《こうてきしゅ》メフィラス星人《せいじん》は1万《まん》――。

この数値《すうち》が何《なに》を表《あらわ》しているか、わかるだろうか？　答《こた》えは「知能指数《ちのうしすう》」。英語《えいご》を略《りゃく》してIQともいう。

空想科学《くうそうかがく》の世界《せかい》の住人《じゅうにん》たちは、この知能指数《ちのうしすう》もハンパない！　たとえば、『スペクトルマン』の敵《てき》で、ゴリラにそっくりな宇宙猿人《うちゅうえんじん》ゴリでさえ、知能指数《ちのうしすう》300。『ガメラ対宇宙怪獣《たいうちゅうかいじゅう》バイラス』に登場《とうじょう》した、まるでイカのようなバイラス星人《せいじん》が2500。『ウルトラマンA《エース》』に出《で》てきた、

魚《さかな》の背中《せなか》を顔《かお》にしたみたいなメトロン星人《せいじん》Jr《ジュニア》が5千《せん》。『ポケットモンスター』でユンゲラーから進化《しんか》したフーディンも5千《せん》だ。そして、ウルトラマンやメフィラス星人《せいじん》は1万《まん》！

知能指数《ちのうしすう》600とか1万《まん》とは、いったいどれだけアタマがいいのだろうか？

◆知能指数《ちのうしすう》600の人《ひと》って存在《そんざい》するの？

知能指数《ちのうしすう》は、知能《ちのう》がどれほど発達《はったつ》しているかを表《あらわ》す数値《すうち》だ。平均《へいきん》が100、140を超《こ》えれば「天才《てんさい》」といわれる。たった40の違《ちが》いで、凡人《ぼんじん》と天才《てんさい》が分《わ》かれるのだ。

そう考《かんが》えると、仮面《かめん》ライダー＝本郷猛《ほんごうたけし》の600とはスゴい。いったい、どれほどの天才《てんさい》なのか？

知能指数《ちのうしすう》の出《だ》し方《かた》には、次《つぎ》の二《ふた》つがある。
①大勢《おおぜい》でテストを受《う》けて、どの年齢層《ねんれいそう》の平均《へいきん》と同《おな》じ成績《せいせき》を取《と》ったかを数値化《すうちか》する。たとえば、12歳《さい》の人《ひと》が、15歳《さい》の平均《へいきん》と同《おな》じ成績《せいせき》を取《と》ったら、15÷12×100＝125となる。
②大勢《おおぜい》でテストを受《う》けて、上位何《じょういなん》%に入《はい》ったかをもとに、ある法則《ほうそく》にしたがって数値化《すうちか》する。
上位《じょうい》16%のライン上《じょう》なら115、上位《じょうい》2・2%なら130になる。

このうち①は、子《こ》どもに使《つか》われる方法《ほうほう》だ。人間《にんげん》の知能《ちのう》は、18歳《さい》くらいまで年齢《ねんれい》とともに発達《はったつ》していくから、12歳《さい》で15歳《さい》の平均《へいきん》と同《おな》じ成績《せいせき》が取《と》れれば、それだけ知能《ちのう》の発達《はったつ》が早《はや》いといえるだろう。一方《いっぽう》、本郷猛《ほんごうたけし》は大人《おとな》だ。年齢《ねんれい》も24歳《さい》とわかっている。すると彼《かれ》の知能指数《ちのうしすう》は、②の方法《ほうほう》で出《だ》したもののはずだ。

天才《てんさい》の表現《ひょうげん》として「10万人《まんにん》に一人《ひとり》の天才《てんさい》」などといわれるけれど、知能指数《ちのうしすう》600となると、とてもそんなものでは表《あらわ》せない。数字《すうじ》で書《か》けば、彼《かれ》は4000人《にん》に一人《ひとり》の大天才《だいてんさい》なのだ！

世界《せかい》の総人口《そうじんこう》はおよそ72億人《おくにん》＝7200000000人《にん》。右《みぎ》の数字《すうじ》よりはるかに少《すく》ないわけで、つまり知能指数《ちのうしすう》600とは、世界一《せかいいち》アタマのいい人《ひと》でも叩《たた》き出《だ》せない数値《すうち》ということだ。

しかも、筆者《ひっしゃ》は恐《おそ》るべき発見《はっけん》をしてしまった。1970年代《ねんだい》に大流行《だいりゅうこう》した「仮面《かめん》ライダーカード」の№《ナンバー》400に、本郷猛《ほんごうたけし》の頭《あたま》のよさが、次《つぎ》のように説明《せつめい》されている。「小学校《しょうがっこう》のころから、理《り》科《か》や算数《さんすう》がバツグン。せいせきはクラスで5ばんいない」。本郷少年《ほんごうしょうねん》のクラスには、本郷《ほんごう》レベルの大天才《だいてんさい》が5人《にん》もいたってコト!? 担任《たんにん》の先生《せんせい》はやりにくかっただろうなあ。

◆本郷猛《ほんごうたけし》の精神年齢《せいしんねんれい》は144歳《さい》!

それにしても不思議《ふしぎ》である。前述《ぜんじゅつ》したように本郷猛《ほんごうたけし》の「◯人《にん》に一人《ひとり》」の◯に当《あ》てはまる巨大《きょだい》な数字《すうじ》は、地球《ちきゅう》の人口《じんこう》よりはるかにモーレツに多《おお》い。これはどういうことだろう?

ひょっとしたら、彼《かれ》の知能指数《ちのうしすう》は①の方法《ほうほう》で出《だ》したものではないのか。もちろん、18歳《さい》を超《こ》えると知能《ちのう》の発達《はったつ》は止《と》まるから、常識《じょうしき》で考《かんが》えれば、24歳《さい》の本郷猛《ほんごうたけし》に①の知能指数《ちのうしすう》は意味《いみ》がない。だが、彼《かれ》が常識《じょうしき》を超《こ》えた天才《てんさい》で、18歳《さい》を超《こ》えても知能《ちのう》がどんどん伸《の》びた場合《ばあい》と、同《おな》じレベルだとしたら?

「何歳《なんさい》の平均《へいきん》と同《おな》じ知能《ちのう》を持《も》つか」を、その人《ひと》の「精神年齢《せいしんねんれい》」という。右《みぎ》の仮定《かてい》で「24歳《さい》・知能《ちのう》指数《しすう》600」の本郷猛《ほんごうたけし》の精神年齢《せいしんねんれい》を計算《けいさん》すると、なんと144歳《さい》! これは「凄《すさ》まじくモーロクしている」という意味《いみ》ではない。人間《にんげん》が18歳《さい》までに言葉《ことば》を覚《おぼ》えたり、図形《ずけい》の感覚《かんかく》を身《み》につけたりするのと同《おな》じペースで頭《あたま》を発達《はったつ》させながら、144歳《さい》まで生《い》きた場合《ばあい》と同《おな》じ、ということだ。

30年以上《ねんいじょう》も前《まえ》に知能《ちのう》の発達《はったつ》が止《と》まった筆者《ひっしゃ》には、よくわかる。そいつはもう、宇宙《うちゅう》に轟《とどろ》く超天《ちょうてん》才《さい》である！

同《おな》じ仮定《かてい》に立《た》つと、オソロシイ男《おとこ》がいる。ウルトラマンの年齢《ねんれい》は2万歳《まんさい》。知能指数《ちのうしすう》は1万《まん》。このヒトの精神年齢《せいしんねんれい》は200万歳《まんさい》になる！　人類《じんるい》が石器《せっき》を使《つか》い始《はじ》めたころから、たゆみなく知能《ちのう》を発達《はったつ》させてきたのと同《おな》じ。このレベルになると、もう、感覚的《かんかくてき》に全然《ぜんぜん》わかりません。

と思《おも》ったけど、このくらいで諦《あきら》めたら、筆者《ひっしゃ》の知能《ちのう》は、発達《はったつ》が止《と》まるどころか、退化《たいか》してしまう。精神年齢《せいしんねんれい》が彼《かれ》らほどバカ高《たか》いとはどれほど賢《かしこ》いことなのか、具体的《ぐたいてき》に考《かんが》えてみよう。

多《おお》くの日本人《にほんじん》は、高校《こうこう》3年生《ねんせい》までに英語《えいご》を学《まな》び、大学《だいがく》1〜2年《ねん》で別《べつ》の外国語《がいこくご》を学《まな》ぶ。つまり文《もん》部科学省《ぶかがくしょう》は、知能指数《ちのうしすう》100くらいの人《ひと》なら、18歳《さい》までに一《ひと》つの外国語《がいこくご》を習得《しゅうとく》し、次《つぎ》の2年間《ねんかん》でもう1ヵ国語《こくご》を身《み》につけられると考《かんが》えているのだろう。

その見解《けんかい》に従《したが》えば、精神年齢《せいしんねんれい》144歳《さい》の本郷猛《ほんごうたけし》は、18歳分《さいぶん》で1ヵ国語《こくご》、残《のこ》りの126歳分《さいぶん》で63ヵ国語《こくご》、合《あ》わせて64ヵ国語《こくご》を習得《しゅうとく》できることになる！　スゴい！

精神年齢《せいしんねんれい》2000万歳《まんさい》のウルトラマンに至《いた》っては、99万《まん》9992ヵ国語《こくご》を流暢《りゅうちょう》に操《あやつ》れる。2014年《ねん》10月現在《がつげんざい》、国連加盟国《こくれんかめいこく》は世界《せかい》193ヵ国《こく》だから、ウルトラマンの言語力《げんごりょく》は地球《ちきゅう》5180個《こ》分《ぶん》！　これはもう、バルタン星人《せいじん》やゼットン星人《せいじん》の言葉《ことば》も理解《りかい》していたと考《かんが》えるべきでしょうなあ。そのわりに、話《はな》し合《あ》いで解決《かいけつ》を試《こころ》みたことはなかったような気《き》もするけど……。

◆天才《てんさい》なのにテストは最低点《さいていてん》

だが、冒頭《ぼうとう》で述《の》べたように、知能指数《ちのうしすう》を出《だ》すにはテストを受《う》けることが前提《ぜんてい》だ。ということは、本郷猛《ほんごうたけし》もウルトラマンも、どこかでおとなしく知能《ちのう》テストを受《う》けたのだろう。そのテストで、彼《かれ》らはどんな成績《せいせき》だったのだろうか?

筆者《ひっしゃ》の手元《てもと》にある『右脳左脳《うのうさのう》のIQテスト』(東京図書《とうきょうとしょ》)という本《ほん》に、知能《ちのう》テストの一例《いちれい》が収録《しゅうろく》されている。「制限時間《せいげんじかん》45分《ふん》」「60問中《もんちゅう》29問《もん》が解《と》ければ、知能《ちのう》指数《しすう》は100」「正解数《せいかいすう》が1問《もん》増《ふ》えたり減《へ》ったりするごとに、知能指数《ちのうしすう》は2ずつ上下《じょうげ》する」というものだ。きわめて単純化《たんじゅんか》してあるが、知能指数《ちのうしすう》を自分《じぶん》で判定《はんてい》する目安《めやす》にはなるのだろう。

では、このテストに本郷猛《ほんごうたけし》が挑戦《ちょうせん》したらどうなるか？　単純計算《たんじゅんけいさん》すれば、知能指数《ちのうしすう》600の彼《かれ》は、制限時間内《せいげんじかんない》に279問正解《もんせいかい》できることになる。1問《もん》あたりの所要時間《しょようじかん》は9・7秒《びょう》！　知能指《ちのうし》数《すう》100の人《ひと》は、1問《もん》あたり1分《ぷん》33秒《びょう》かかる計算《けいさん》だから、これはスゴい。

知能指数《ちのうしすう》1万《まん》のウルトラマンの場合《ばあい》は、4979問正解《もんせいかい》だ。1問《もん》の所要時間《しょようじかん》は0・54秒《びょう》！　もう、とてつもないスピードだ。鉛筆《えんぴつ》を動《うご》かす速度《そくど》も、大変《たいへん》なものだっただろう。たとえば答《こた》えが「山《やま》」で、知能指数《ちのうしすう》100の人《ひと》がこれを書《か》くのに鉛筆《えんぴつ》の先《さき》を1秒《びょう》で3㎝動《うご》かすとしよう。でも、ウルトラマンの場合《ばあい》は0・0058秒《びょう》。彼《かれ》の巨大《きょだい》な鉛筆《えんぴつ》の先《さき》が動《うご》く速度《そくど》は時速《じそく》440㎞！　飛行機《ひこうき》が胴体着陸《どうたいちゃくりく》すると、火花《ひばな》が上《あ》がる速度《そくど》だ。紙《かみ》なら間違《まちが》いなく発火《はっか》し、解答用紙《かいとうようし》はたちまち炎上《えんじょう》。ウルトラマンは記録的《きろくてき》に低《ひく》い点数《てんすう》を叩《たた》き出《だ》すことになりかねない。気《き》の毒《どく》に……。

改《あらた》めて筆者《ひっしゃ》は思《おも》う。18歳《さい》までの発達《はったつ》レベルを測《はか》る知能指数《ちのうしすう》は、大人《おとな》になればたいして意味《いみ》はない。それより、経験《けいけん》とか、日々《ひび》の努力《どりょく》とか、生《い》きる姿勢《しせい》とか、そういうものが大人《おとな》になってからのアタマのよさを生《う》み出《だ》すのだなあ……と実感《じっかん》することが多《おお》いです。

とっても気《き》になる特撮《とくさつ》の疑問《ぎもん》

『超人《ちょうじん》バロム1《ワン》』は二人《ふたり》が合体《がったい》して一人《ひとり》のヒーローになります。不便《ふべん》ではありませんか？

二人《ふたり》でひとつ。これだけ聞《き》くと、どんな恋愛《れんあい》ドラマ？と思《おも》うかもしれないが、そうではない。1970年代《ねんだい》に放送《ほうそう》された特撮番組《とくさつばんぐみ》『超人《ちょうじん》バロム1《ワン》』のキャッチフレーズである。変身《へんしん》ヒーロー番組《ばんぐみ》の長《なが》い歴史《れきし》のなかには、二人《ふたり》が合体《がったい》して一体《いったい》のヒーローに変身《へんしん》する、という珍《めずら》しいパターンの正義《せいぎ》の味方《みかた》も何組《なんくみ》か存在《そんざい》した。その先駆者《せんくしゃ》がこの超人《ちょうじん》バロム1《ワン》だった。

ユニークなヒーローだと思《おも》うが、ちょっと不便《ふべん》ではないだろうか？　だって、二人《ふたり》が同《おな》じ場所《ばしょ》にいないと変身《へんしん》できないのだから。敵《てき》が出現《しゅつげん》したとき、片方《かたほう》がトイレで用《よう》を足《た》していたらどうするのだろうか？　風呂《ふろ》に入《はい》っていたら？　彼女《かのじょ》と長電話《ながでんわ》していたら？　ぐーぐー眠《ねむ》っていたら？

……どちらかが単独行動《たんどくこうどう》している場面《ばめん》が次々《つぎつぎ》に頭《あたま》に浮《う》かんできて、筆者《ひっしゃ》は気《き》が気《き》ではない。二人《ふたり》で一人《ひとり》に変身《へんしん》するヒーローは、地球《ちきゅう》の平和《へいわ》を守《まも》れるのか？ ここでは超人《ちょうじん》バロム1《ワン》の場合《ばあい》を考《かん》えよう。

◆友情《ゆうじょう》は計測《けいそく》できるか？

白鳥健太郎《しらとりけんたろう》と木戸猛《きどたけし》は、小学《しょうがく》5年《ねん》の同級生《どうきゅうせい》。二人《ふたり》の友情《ゆうじょう》が高《たか》まると、正義《せいぎ》の使者《ししゃ》・コプーから託《たく》された手《て》のひらサイズの変身《へんしん》アイテム・ジェットボップが鳴《な》り始《はじ》める。それを合図《あいず》に、二人《ふたり》は「バローム、クロス！」と声《こえ》をハモらせながら、右腕《みぎうで》をフォークダンスのように組《く》んで交差《こうさ》させる。すると、身長《しんちょう》2ｍの超人《ちょうじん》バロム1《ワン》に変身《へんしん》するのだ。

すご～く身近《みぢか》でお手軽《てがる》なヒーローである。変身《へんしん》するのは二人《ふたり》の小学生《しょうがくせい》だし、バロム1《ワン》の活動《かつどう》エネルギーは「友情《ゆうじょう》」でまかなえるみたいだし……。

だが実際《じっさい》に変身《へんしん》するのは、それほどお手軽《てがる》ではない。なぜなら、バロム1《ワン》が登場《とうじょう》するためには、①二人《ふたり》の小学生《しょうがくせい》が揃《そろ》っていること、②二人《ふたり》の友情《ゆうじょう》が燃《も》え上《あ》がっていること、の二《ふた》つの条件《じょうけん》を満《み》たさなければならないのだ。これって意外《いがい》と難《むずか》しいのでは？

たとえば、②の「友情《ゆうじょう》が燃《も》え上《あ》がっている」とは、具体的《ぐたいてき》にはどういう状態《じょうたい》を指《さ》すのか？ ジエッットボップには、友情《ゆうじょう》を測《はか》る機能《きのう》があるらしいが、「友情《ゆうじょう》」という人間《にんげん》の心《こころ》で起《お》こる現象《げんしょう》をどうやって数値化《すうちか》するのだろうか。う〜む、全然《ぜんぜん》わからん！ ヒーローに関《かん》する書籍《しょせき》を片《かた》っ端《ぱし》から調《しら》べると、『全怪獣怪人《ぜんかいじゅうかいじん》』(勁文社《けいぶんしゃ》)に次《つぎ》の説明《せつめい》があった。「友《ゆう》情《じょう》の熱《ねつ》エネルギーが200バロム以上《いじょう》で、バロム1《ワン》に合体変身《がったいへんしん》できる」。おお、なるほど、熱《ねつ》エネルギーか。だとすれば、実際《じっさい》にはジェットボップが温度《おんど》を測定《そくてい》することによって、友情《ゆうじょう》の数値《すうち》化《か》が行《おこな》われている可能性《かのうせい》が高《たか》い。

おそらく次《つぎ》のようなシステムではないだろうか。二人《ふたり》が互《たが》いに相手《あいて》のことを思《おも》い、友情《ゆうじょう》に燃《も》えると、交感神経《こうかんしんけい》が刺激《しげき》されて、神経伝達物質《しんけいでんたつぶっしつ》のノルアドレナリンが放出《ほうしゅつ》される。それによって呼《こ》吸《きゅう》は速《はや》まり、血圧《けつあつ》は上《あ》がり、体温《たいおん》が上昇《じょうしょう》する。そこで温度《おんど》を「バロム」という単位《たんい》に変換《へんかん》して、それが200バロムに達《たっ》した時点《じてん》で、変身《へんしん》を促《うなが》す音《おと》が鳴《な》る……。

つまりジェットボップは、アラーム付《つ》き体温計《たいおんけい》のようなものか。でもそうなると、困《こま》ったことになる。体温《たいおん》は、必《かなら》ずしも友情《ゆうじょう》に燃《も》えたときだけ上《あ》がるわけではない。インフルエンザで二人《ふたり》して高熱《こうねつ》を出《だ》したら、たちまちバロム1《ワン》が出現《しゅつげん》！ 小学生《しょうがくせい》には禁《きん》じられた画像《がぞう》を二人《ふたり》で鑑賞《かんしょう》していても、うはうはドキドキしているうちに、やっぱり不意《ふい》にバロム1《ワン》が出現《しゅつげん》！ 正義《せいぎ》のヒーローをムダに登場《とうじょう》させすぎである。

◆最大《さいだい》のピンチは夏休《なつやす》み

しかし、よ〜く考《かんが》えてみると、変身条件《へんしんじょうけん》①の「二人《ふたり》の小学生《しょうがくせい》が揃《そろ》っていること」のほうが、難《むずか》しくないか。どんなに仲《なか》がよくても、二人《ふたり》は親《おや》と学校《がっこう》の保護下《ほごか》にある小学生《しょうがくせい》。朝《あさ》から晩《ばん》までいっしょにいるわけにはいかないからだ。

たとえいっしょにいても、小学生《しょうがくせい》は行動《こうどう》に何《なに》かと制約《せいやく》が多《おお》い。まさか小学生《しょうがくせい》が授業《じゅぎょう》をサボるわけにはいかないから、平日《へいじつ》の登校日《とうこうび》の授業中《じゅぎょうちゅう》は変身不可《へんしんふか》。昼休《ひるやす》みも地球《ちきゅう》の危機《きき》を救《すく》うには、時間《じかん》が短《みじか》い。すると、二人《ふたり》が自由《じゆう》に行動《こうどう》できるのは放課後《ほうかご》だが、宿題《しゅくだい》とか習《なら》い事《ごと》とか塾《じゅく》とかもあるだろうから、午後《ごご》5時《じ》には家《いえ》に帰《かえ》らないと叱《しか》られるはず。夜《よる》はもちろん、外出《がいしゅつ》できない。

すると、平日《へいじつ》で自由《じゆう》に行動《こうどう》できる時間《じかん》は午後《ごご》3時《じ》〜5時《じ》の2時間《じかん》のみ。土日《どにち》なら、午前《ごぜん》9時《じ》〜午後《ごご》5時《じ》の8時間活動《じかんかつどう》できるだろうが、それでも1週間《しゅうかん》のうち二人《ふたり》が自由行動《じゆうこうどう》できる時間《じかん》は26時《じ》間《かん》。すべての時間《じかん》のわずか15%でしかない。これは言《い》い換《か》えれば、警察《けいさつ》が毎日《まいにち》3時間《じかん》43分《ぷん》しか開《あ》いてないのと同《おな》じこと。地球《ちきゅう》の治安《ちあん》がヒジョーに心配《しんぱい》だ！

となると、二人《ふたり》が存分《ぞんぶん》に活躍《かつやく》できるのは、夏休《なつやす》みくらい？　いや、夏休《なつやす》みにこそ、地球《ちきゅう》に最大《さいだい》の危機《きき》が訪《おとず》れる。

どちらか一方《いっぽう》が田舎《いなか》のおばあちゃんちに泊《と》まりに行《い》ってるときに、敵《てき》が現《あらわ》れたらどうするの

か？　残《のこ》ったもう片方《かたほう》は、なんとか親《おや》の許《ゆる》しをもらい、電車《でんしゃ》や飛行機《ひこうき》を乗《の》り継《つ》いで相棒《あいぼう》のもとへ駆《か》けつけるしかない。ところが、必死《ひっし》の思《おも》いで駆《か》けつけたとき、相棒《あいぼう》は麦《むぎ》わら帽子《ぼうし》なんか被《かぶ》って、虫捕《むしと》りや魚獲《さかなと》りに興《きょう》じている。しかも、いとこたちとすっかり打《う》ち解《と》け、自分《じぶん》にはさっぱりわからない方言《ほうげん》でハシャぎながら……。ああ、友情《ゆうじょう》が音《おと》を立《た》てて崩《くず》れていく！

　う〜ん、二人《ふたり》でひとつの合体《がったい》ヒーローが地球《ちきゅう》を守《まも》るのは、なかなか大変《たいへん》そうだなあ。

とっても気《き》になるアニメの疑問《ぎもん》

『みなしごハッチ』でハッチはママを探《さが》しますが、なぜパパを探《さが》さないのでしょう？

『みなしごハッチ』は、１９７０年《ねん》に放送《ほうそう》されたテレビアニメだ。

この作品《さくひん》には忘《わす》れがたい思《おも》い出《で》がある。筆者《ひっしゃ》の故郷《こきょう》・種子島《たねがしま》では、かつて民放《みんぽう》は1局《きょく》しか見《み》られなかった。二《ふた》つ目《め》の民放《みんぽう》が見《み》られるようになったのは、小学《しょうがく》3年生《ねんせい》のとき。その日《ひ》、期待《きたい》に胸《むね》を躍《おど》らせてチャンネルを合《あ》わせると、やっていたのが『みなしごハッチ』だったのだ。

物語《ものがたり》では、ミツバチの子《こ》どもが母親《ははおや》の女王《じょおう》バチを探《さが》して旅《たび》していた！　ハチにしてはあまりに人間的《にんげんてき》な行動《こうどう》に、子《こ》ども心《ごころ》にもちょっと驚《おどろ》いたが、見《み》ているうちにすっかり話《はなし》に引《ひ》き込《こ》まれてしまった。ハッチは嵐《あらし》に打《う》たれても、川《かわ》に流《なが》されても、カマキリに襲《おそ》われてもくじけない。ママに

会《あ》いたいから。そんなハッチのいじらしさに心《こころ》を打《う》たれ、筆者《ひっしゃ》はとうとう最終回《さいしゅうかい》(第《だい》91回《かい》)まで毎《まい》週見続《しゅうみつづ》けてしまったのである。いや〜、面白《おもしろ》かったな〜。

だが、いま冷静《れいせい》に考《かんが》えると気《き》になる。ハチが母親《ははおや》を探《さが》して旅《たび》をするのは、そういう物語《ものがたり》だからよいとして、だったらハッチは、なぜママだけを探《さが》して、パパを探《さが》さないのだろうか?

◆オマエは本当《ほんとう》にハチなのか!?

ハッチが女王《じょおう》バチのママと離《はな》ればなれになったのは、スズメバチに巣《す》を襲撃《しゅうげき》されたからだ。凶《きょう》暴《ぼう》なスズメバチの大軍《たいぐん》は、ミツバチたちを手当《てあ》たり次第《しだい》に殺戮《さつりく》し、蓄《たくわ》えの蜜《みつ》を飲《の》み散《ち》らし、卵《たまご》を貪《むさぼ》り食《く》う。女王《じょおう》は「子《こ》どもたちよ、一人《ひとり》でもいい。生《い》き残《のこ》ってミツバチの国《くに》を建《た》て直《なお》しておくれ」と呼《よ》びかけながら、巣《す》を捨《す》てて逃《に》げざるを得《え》なかった。頬《ほお》を伝《つた》う涙《なみだ》をぬぐおうともせずに。

このときハッチはまだ卵《たまご》だった。迫《せま》りくるスズメバチの脅威《きょうい》を前《まえ》に、その命《いのち》は風前《ふうぜん》の灯《ともしび》……と思《おも》われたが、女王《じょおう》の悲痛《ひつう》な叫《さけ》びを天《てん》が聞《き》き届《とど》けたのかもしれない。巣《す》からこぼれ落《お》ちた一《ひと》つの卵《たまご》が、シマコハナバチのおばさんに拾《ひろ》われたのだ。その卵《たまご》はやがて孵化《ふか》して、ミツバチの男《おとこ》の子《こ》が誕生《たんじょう》。男《おとこ》の子《こ》は「ハッチ」と名《な》づけられ、その後《ご》まだ見《み》ぬ母親《ははおや》を探《さが》す旅《たび》に出《で》るのだが、ちょっと待《ま》ったぁ! ミツバチの子《こ》が、なぜミツバチの姿《すがた》で生《う》まれる!?

ハチは、完全変態《かんぜんへんたい》する昆虫《こんちゅう》だ。完全変態《かんぜんへんたい》とは、もちろん「パーフェクトな変態《へんたい》」という意味《いみ》ではなく(なんじゃそりゃ!?)、卵《たまご》→幼虫《ようちゅう》→蛹《さなぎ》→成虫《せいちゅう》と、各段階《かくだんかい》で姿《すがた》を変《か》えながら成長《せいちょう》することだ。ハッチもハチである以上《いじょう》、最初《さいしょ》からハチの姿《すがた》で生《う》まれるのではなく、ご飯粒《はんつぶ》を大《おお》きくしたような形《かたち》の幼虫《ようちゅう》、すなわちハチノコとして生《う》まれてくれんと困《こま》る。ハッチは本当《ほんとう》にハチなのか!?

そんな疑念《ぎねん》を抱《いだ》きつつ、ハッチの姿《すがた》を改《あらた》めて見《み》てみると、ありゃりゃ、両手《りょうて》が2本《ほん》、両足《りょうあし》が2本《ほん》しかない! 昆虫《こんちゅう》であれば、肢《あし》(昆虫《こんちゅう》の場合《ばあい》は、こう書《か》く)は3対《つい》6本《ぽん》あるはずなのだが……。つまり、ハチかどうか怪《あや》しいハッチは、もはや昆虫《こんちゅう》ですらないってこと?

◆なぜ父親《ちちおや》を探《さが》さないのか?

いやいや、ここで考《かんが》えたいのは、ハチの肢《あし》の本数《ほんすう》ではない。ハッチがなぜ、母親《ははおや》だけを探《さが》して、父親《ちちおや》を探《さが》さないのかということだ。あれほど「ママ、ママ」と言《い》いながら、パパのことは一言《ひとこと》も口《くち》にしないのは、父親《ちちおや》に対《たい》してちょっと冷淡《れいたん》すぎないか、ハッチ?

調《しら》べてみると、ミツバチやスズメバチは社会性昆虫《しゃかいせいこんちゅう》と呼《よ》ばれ、巣《す》のなかでの役割《やくわり》に応《おう》じて産《う》み分《わ》けられるという。春《はる》、女王《じょおう》バチは数匹《すうひき》のオスバチを連《つ》れて巣《す》を離《はな》れ、空中《くうちゅう》で交尾《こうび》する。そして巣《す》に戻《もど》り、最盛期《さいせいき》には1日《にち》に2千個《せんこ》もの卵《たまご》を産《う》む。そのとき、女王《じょおう》バチは体内《たいない》にためた精子《せいし》で受《じゅ》精《せい》させる卵《たまご》と、受精《じゅせい》させない卵《たまご》を産《う》み分《わ》ける。それらの卵《たまご》は、次《つぎ》のような運命《うんめい》をたどる。

受精《じゅせい》した卵《たまご》→メスになる。そのなかでロイヤルゼリー(ハチが蜜《みつ》から作《つく》る栄養豊《えいようゆた》かな唾液《だえき》)を与《あた》えられた幼虫《ようちゅう》は女王《じょおう》バチになり、与《あた》えられなかった幼虫《ようちゅう》は働《はたら》きバチになる

受精《じゅせい》しなかった卵《たまご》→オスになる

なんと、精子《せいし》という「オスの要素《ようそ》」があればメスになり、なければオスになる。本当《ほんとう》に不思議《ふしぎ》だが、それがハチという生物《せいぶつ》なのだ。そして、右《みぎ》のことから重要《じゅうよう》な事実《じじつ》が明《あき》らかになる。

ハッチはオスだから、受精《じゅせい》しなかった卵《たまご》から産《う》まれたわけだ。つまり、ハッチはオスの精子《せいし》なしで産《う》まれた。当然《とうぜん》、ハッチに父親《ちちおや》はいない!

いや〜、長年《ながねん》の疑問《ぎもん》が氷解《ひょうかい》しましたなあ。ハッチが全編《ぜんぺん》を通《つう》じてママばかり慕《した》っていたのは、ハチである以上《いじょう》、当《あ》たり前《まえ》だったのだ。ハッチにはそもそも、パパは存在《そんざい》しないのだから。オスバチが母親《ははおや》だけを探《さが》す旅《たび》というのは、ハチとしてまことに正《ただ》しい道《みち》だった……!

◆ああ、ハッチの運命《うんめい》は!?

こうしてハッチは、科学的《かがくてき》に納得《なっとく》のいく旅路《たびじ》の果《は》てに、妹《いもうと》のアーヤと出会《であ》い、彼女《かのじょ》に案内《あんない》されて建設中《けんせつちゅう》のママのお城《しろ》に到着《とうちゃく》する。だが、ここでもハッチにはつらい運命《うんめい》が待《ま》っていた。

一人《ひとり》の大臣《だいじん》が、反乱《はんらん》を企《くわだ》てていたのだ。その野望《やぼう》は、次《つぎ》の女王候補《じょおうこうほ》であるアーヤを追《お》い払《はら》い、自分《じぶん》の娘《むすめ》を女王《じょおう》の座《ざ》に就《つ》けること。これを知《し》ったハッチは、王子《おうじ》の自分《じぶん》が名乗《なの》り出《で》れば騒《さわ》ぎが大《おお》きくなると考《かんが》え、身元《みもと》を隠《かく》して工事現場《こうじげんば》で働《はたら》きながら、チャンスを待《ま》つ。ところが、この城《しろ》もスズメバチに襲《おそ》われ、ママが連《つ》れ去《さ》られてしまう！

が、ハッチの大活躍《だいかつやく》で、反乱《はんらん》は失敗《しっぱい》に終《お》わり、ママも無事《ぶじ》に戻《もど》ってくる。こうしてようやく、ハッチにも幸《しあわ》せな日々《ひび》が訪《おとず》れた。親子水入《おやこみずい》らずで、ママに思《おも》いっ切《き》り甘《あま》えるハッチとアーヤ……。

ん、パパはどうしたんだっけ？

前述《ぜんじゅつ》のとおり、ハッチにパパはいない。でも、受精《じゅせい》した卵《たまご》から産《う》まれたアーヤには、パパがいるはずだ。そのパパはいったいどこへ？

さらに調《しら》べると、ミツバチのオスはまったく働《はたら》かないため、食《た》べ物《もの》が乏《とぼ》しくなる秋《あき》には、メスである働《はたら》きバチたちに巣《す》から追《お》い出《だ》されるという。その結果《けっか》、最後《さいご》は野《の》たれ死《じ》に……。むひょ〜。

だが、野《の》たれ死《じ》にするほうがまだ幸《しあわ》せかもしれない。春《はる》、女王《じょおう》バチと巣《す》を飛《と》び立《た》ったオスのうち、ふたたび巣《す》に戻《もど》ってくるのは、交尾《こうび》に失敗《しっぱい》した者《もの》たちだ。アーヤの父親《ちちおや》は、交尾《こうび》に成功《せいこう》したはずだから戻《もど》ってこない。では、どこへ行《い》ったのか。

実《じつ》は、交尾《こうび》に成功《せいこう》したオスは、直後《ちょくご》に交尾器《こうびき》がもげて死《し》んでしまうのだ。ぐわっ！　こんな死《し》

に方《かた》だけは絶対《ぜったい》にしたくない！
ママとしても、パパの最期《さいご》の様子《ようす》を娘《むすめ》に伝《つた》えるわけにはいかないだろう。ムゴすぎて。だからアーヤが、父親《ちちおや》のことを知《し》らないのも無理《むり》はない。
問題《もんだい》は、ハッチの今後《こんご》だ。男子《だんし》と生《う》まれたからには、ハッチも他《ほか》のオスたちと同《おな》じ道《みち》をたどるはず。すなわち、交尾器《こうびき》がもげて悶絶死《もんぜつし》するか、交尾《こうび》に失敗《しっぱい》して巣《す》からおん出《だ》されるか。ああ、ハッチの運命《うんめい》やいかに!?
『みなしごハッチ』はやはり、涙《なみだ》なくして語《かた》れない物語《ものがたり》だ。

とっても気《き》になるアニメの疑問《ぎもん》

『ルパン三世《さんせい》』石川五ェ門《いしかわごえもん》の斬鉄剣《ざんてつけん》は、どんなものでも斬《き》れるそうです。本当《ほんとう》ですか？

『ルパン三世《さんせい》』の石川五ェ門《いしかわごえもん》は剣《けん》の達人《たつじん》だが、帯《お》びる刀《かたな》もモノスゴイ。銘《めい》は「斬鉄剣《ざんてつけん》」。鉄《てつ》さえ斬《き》れる刀《かたな》という意味《いみ》だが、実力《じつりょく》はその上《うえ》を行《い》く。コンニャク以外《いがい》、何《なん》でも斬《き》れる！

敵《てき》が撃《う》ってきたピストルの弾丸《だんがん》を斬《き》ることなんか朝飯前《あさめしまえ》、岩《いわ》やガラスなど普通《ふつう》は刃物《はもの》で切《き》れないものも、自動車《じどうしゃ》や戦車《せんしゃ》など、刀身《とうしん》よりも大《おお》きなものまで真《ま》っ二《ぷた》つにする！

その切《き》れ味《あじ》にはホレボレするけど、科学的《かがくてき》には気《き》になる。「どんなものでも斬《き》れる刀《かたな》」などというものが、この世《よ》に存在《そんざい》するのか？　そしてなぜ、コンニャクだけが斬《き》れない!?

ここでは、斬鉄剣《ざんてつけん》の切《き》れ味《あじ》について鋭《するど》く考《かんが》えてみよう。

◆「硬《かた》い」とはどういうことか？

斬鉄剣《ざんてつけん》がどんなものでも斬《き》れるとしたら、まず問題《もんだい》となるのは、その材質《ざいしつ》だ。たとえば、どれほど鋭《するど》く研《と》ぎすましても、アルミニウムの刀《かたな》で鉄《てつ》は斬《き》れない。それは「アルミニウム」は「鉄《てつ》」より柔《やわ》らかいからで、ある物体《ぶったい》を切断《せつだん》するには、刃物《はもの》は切《き》られるものより硬《かた》くなければならない。

その一方《いっぽう》で、硬《かた》ければいいというわけでもない。地球上《ちきゅうじょう》で最《もっと》も硬《かた》い物質《ぶっしつ》はダイヤモンドだが、これで刀《かたな》を作《つく》っても、鉄《てつ》の刀《かたな》とぶつけ合《あ》うと、ダイヤモンドの刀《かたな》のほうが砕《くだ》けてしまう。

これは、物質《ぶっしつ》が「硬《かた》い」とは「力《ちから》を受《う》けても変形《へんけい》しにくい」ということだからだ。このため、鉄《てつ》とダイヤモンドを強《つよ》い力《ちから》でゆっくり押《お》しつけ合《あ》うと、鉄《てつ》にダイヤモンドがめり込《こ》む。ところが激《はげ》しくぶつけ合《あ》うと、鉄《てつ》は変形《へんけい》して衝撃《しょうげき》を分散《ぶんさん》するのに対《たい》し、ダイヤモンドは変形《へんけい》できず、衝突《しょうとつ》した点《てん》に力《ちから》が集中《しゅうちゅう》して砕《くだ》けてしまう。硬《かた》いものは、宿命的《しゅくめいてき》にモロくもあるのだ。

難問《なんもん》である。どんなものでも斬《き》れるからには、斬鉄剣《ざんてつけん》は宇宙《うちゅう》でいちばん硬《かた》い物質《ぶっしつ》でできているはずだが、そのためにモロくなり、たちまち砕《くだ》けてしまうかも……。

この問題《もんだい》にこだわってしまうと、話《はなし》が前《まえ》に進《すす》まない。そこで、科学的《かがくてき》にはちょっと考《かんが》えづらいが、石川五ェ門《いしかわごえもん》のご先祖様《せんぞさま》が「宇宙一硬《うちゅういちかた》くて、しかしモロくない」という画期的《かっきてき》な合金《ごうきん》を発明《はつめい》したとしよう。そのスバラシイ合金《ごうきん》で斬鉄剣《ざんてつけん》を作《つく》ったら、どんなものでも斬《き》れるのだろうか？

◆刀《かたな》で弾丸《だんがん》を斬《き》ることはできる？

石川五ェ門《いしかわごえもん》といえば、有名《ゆうめい》なのは弾丸斬《だんがんぎ》りだ。ルパンや五ェ門《ごえもん》に向《む》かって敵《てき》が撃《う》ちまくる！絶体絶命《ぜったいぜつめい》と思《おも》った次《つぎ》の瞬間《しゅんかん》、五ェ門《ごえもん》は目《め》にも留《と》まらぬ速《はや》さで斬鉄剣《ざんてつけん》を振《ふ》るう。すると、真《ま》っ二《ぷた》つになった銃弾《じゅうだん》が足下《あしもと》にバラバラ……。よく描《えが》かれるシーンだが、こんなことが可能《かのう》なのか？

銃弾《じゅうだん》は「鉛《なまり》」でできている。鉛《なまり》は、金属《きんぞく》としてはかなり柔《やわ》らかく、鉄《てつ》の10分《ぶん》の1ほどの力《ちから》で変《へん》形《けい》する。鉛《なまり》の弾丸《だんがん》は、理屈《りくつ》のうえでは、簡単《かんたん》に斬《き》れるはずだ。

たとえば、敵《てき》の拳銃《けんじゅう》がルパンと同《おな》じワルサーP38だったとしよう。その弾丸《だんがん》は直径《ちょっけい》9㎜、長《なが》さ19㎜。この弾丸《だんがん》を斬《き》るのに必要《ひつよう》な力《ちから》を計算《けいさん》すると、おお、230kg。強《つよ》い力《ちから》のようにも見《み》えるが、プロ野球《やきゅう》の選手《せんしゅ》がフルスイングでボールを打《う》つときの衝撃力《しょうげきりょく》は1ｔにも達《たっ》するというから、五ェ《ごえ》門《もん》なら充分出《じゅうぶんだ》せる力《ちから》だ。つまり、弾丸《だんがん》を刀《かたな》で切断《せつだん》することはできる！

ただし、別《べつ》の問題《もんだい》がある。五ェ門《ごえもん》は斬《き》った弾丸《だんがん》をその場《ば》にバラバラと落《お》としていたが、実《じつ》はこれこそが難《むずか》しいのだ。

ピストルの弾丸《だんがん》の速度《そくど》は秒速《びょうそく》400m前後《ぜんご》。斬《き》った弾丸《だんがん》をその場《ば》に落《お》とすには、斬《き》っているあいだに、弾丸《だんがん》の速度《そくど》をゼロにしなければならない。ところが前述《ぜんじゅつ》のとおり、鉛《なまり》の弾丸《だんがん》は230kgの力《ちから》で斬《き》れてしまうため、斬《き》っているあいだも、230kgのブレーキ力《りょく》しかかけられない。そし

て秒速《びょうそく》４００ｍの弾丸《だんがん》に、そのブレーキ力《りょく》が働《はたら》く時間《じかん》は、わずか０・００００８秒《びょう》。この結果《けっか》、斬鉄剣《ざんてつけん》が弾丸《だんがん》を斬《き》り終《お》えたとき、秒速《びょうそく》４００ｍのスピードは、秒《びょう》速《そく》３８２ｍまでにしか落《お》ちていない！

　すると、どうなるか？　真《ま》っ二《ぷた》つに切断《せつだん》された弾丸《だんがん》は、ほとんどスピードを落《お》とさずに飛《と》び続《つづ》け、ルパンや五ェ門《ごえもん》に命中《めいちゅう》するかも……！　これなら、斬《き》っても斬《き》らなくても結果《けっか》は同《おな》じ。いや、１発《ぱつ》の弾《たま》が二《ふた》つに増《ふ》えた分《ぶん》だけ、自分《じぶん》で被害《ひがい》を拡大《かくだい》したともいえますなあ。

◆えーっ、戦車《せんしゃ》を斬《き》れるの⁉

こうなると、自動車《じどうしゃ》や戦車《せんしゃ》のほうが安心《あんしん》して斬《き》れるというものだ。

ただし、走《はし》ってくる車《くるま》を真正面《ましょうめん》から斬《き》ったのでは、弾丸《だんがん》を斬《き》ったときと同様《どうよう》に、二《ふた》つに分《わ》かれるだけで、速度《そくど》をゼロにすることは難《むずか》しい。すると、五ェ門《ごえもん》は斬鉄剣《ざんてつけん》を振《ふ》るった直後《ちょくご》、左右《さゆう》に分《わ》かれた車《くるま》に同時《どうじ》に轢《ひ》かれるという、珍《めずら》しい交通事故《こうつうじこ》に遭《あ》うことになる。

この珍事《ちんじ》を避《さ》けるには、斬《き》るのは止《と》まっている自動車《じどうしゃ》や戦車《せんしゃ》だけにしたほうがいいだろう。それでも、とてつもない腕力《わんりょく》が必要《ひつよう》である。

計算《けいさん》してみると、一般的《いっぱんてき》な乗用車《じょうようしゃ》の場合《ばあい》、一刀両断《いっとうりょうだん》するのに必要《ひつよう》な力《ちから》は1万《まん》3千《ぜん》t。先《さき》ほど、プロ野球選手《やきゅうせんしゅ》がフルスイングでボールを打《う》つ衝撃力《しょうげきりょく》は1tと書《か》いたが、自動車《じどうしゃ》を斬《き》るには、その1万《まん》3千倍《ぜんばい》の力《ちから》が必要《ひつよう》ということだ。さらに、戦車《せんしゃ》を一刀両断《いっとうりょうだん》するのに必要《ひつよう》な力《ちから》は、16万《まん》8千《せん》t！　もはや、人間《にんげん》ワザではない。

仮《かり》に、五ェ門《ごえもん》がそれだけの超人的《ちょうじんてき》な力《ちから》を持《も》っていたとしても、自動車《じどうしゃ》や戦車《せんしゃ》を真《ま》っ二《ぷた》つに斬《き》るのはやはり難《むずか》しいだろう。一般的《いっぱんてき》な乗用車《じょうようしゃ》は全長《ぜんちょう》4〜5m、自衛隊《じえいたい》の90式戦車《しきせんしゃ》は全長《ぜんちょう》9・8mもあるからだ。

われわれが包丁《ほうちょう》で大根《だいこん》をスパリと輪切《わぎ》りにできるのは、包丁《ほうちょう》の刃《は》が大根《だいこん》の直径《ちょっけい》より長《なが》いから。車《くるま》も戦車《せんしゃ》も、斬鉄剣《ざんてつけん》で斬《き》るには長《なが》すぎる。五ェ門《ごえもん》も戦車《せんしゃ》を斬《き》ろうと思《おも》ったら、刃渡《はわた》り10mもの刀《かたな》を振《ふ》り回《まわ》すしかないはずだ。

なのに、刃渡《はわた》り80㎝ほどの斬鉄剣《ざんてつけん》で、何《なん》でもスパスパ切断《せつだん》する石川五ェ門《いしかわごえもん》。この謎《なぞ》だけは、科《か》学《がく》では太刀《たち》打《う》ちできません。

◆なぜコンニャクは斬《き》れないの?

いや、斬鉄剣《ざんてつけん》にはもう一《ひと》つ大《おお》きな謎《なぞ》があった。

どんなものでも斬《き》れるのに、なぜかコンニャクだけは斬《き》れないらしいのだ。テレビ第《だい》2シリーズの第《だい》61話《わ》「空飛《そらと》ぶ斬鉄剣《ざんてつけん》」を見《み》ると、確《たし》かに斬鉄剣《ざんてつけん》でコンニャクは斬《き》れなかった。科学的《かがくてき》に考《かんが》えると、これはいったいどういうことだろうか?

コンニャクは、水《みず》と、デンプンと、グルコマンナンでできている。デンプンはグルコース(ご飯《はん》やバナナに含《ふく》まれるブドウ糖《とう》の別名《べつめい》)が鎖《くさり》のようにつながった長《なが》い分子《ぶんし》、グルコマンナンはグルコースとマンノースが鎖状《くさりじょう》につながった分子《ぶんし》である。

グルコースは、ほぼすべての生物《せいぶつ》の体内《たいない》にあるが、マンノースは、コンニャクや海藻《かいそう》など限《かぎ》られたものにしか含《ふく》まれない。ということは、斬鉄剣《ざんてつけん》にコンニャクだけが斬《き》れないとすれば、ひょっとすると、このマンノースが斬《き》れないのかも……。

実《じつ》はわれわれ人間《にんげん》も、グルコースは消化《しょうか》・吸収《きゅうしゅう》してエネルギー源《げん》にできるが、マンノースは消《しょう》化《か》できない。グルコースとマンノースは分子《ぶんし》の構造《こうぞう》がきわめて似《に》ている。なのに、そうした違《ちが》いがあるとは、生物《せいぶつ》とは不思議《ふしぎ》なもので……はっ、生物《せいぶつ》!?

ひょっとしたら、斬鉄剣《ざんてつけん》は生《い》き物《もの》であり、この刀《かたな》が「斬《き》る」とは実《じつ》は「食《た》べる」ことなのではないか。触《ふ》れた瞬間《しゅんかん》にパクパク〜ッ!と食《た》べるので、われわれには斬《き》れたように見《み》える。しかしマンノースだけは消化《しょうか》できないため、口《くち》を固《かた》く閉《と》じて食《た》べようとしない。斬鉄剣《ざんてつけん》は「イヤだ、コンニャクだけはカンベンして!」と身《み》をよじり……い、いかん、自分《じぶん》がオカシな世界《せかい》に迷《まよ》い込《こ》みつつあるのが、ハッキリとわかる!

斬鉄剣《ざんてつけん》はなぜ弾丸《だんがん》や戦車《せんしゃ》が斬《き》れて、コンニャクが斬《き》れないのか。快刀乱麻《かいとうらんま》を断《た》つような、明快《めいかい》な答《こた》えが出《で》なくてスミマセン。

とっても気《き》になる噂話《うわさばなし》の疑問《ぎもん》

真下《ました》に向《む》かって穴《あな》を掘《ほ》り続《つづ》けたら、地球《ちきゅう》の裏側《うらがわ》のブラジルに行《い》けますか？

日本《にほん》から見《み》た地球《ちきゅう》の裏側《うらがわ》はブラジルだから、地中深《ちちゅうふか》くどこまでも穴《あな》を掘《ほ》り進《すす》めていけば、やがてはブラジルに出《で》られる――。

よく耳《みみ》にする話《はなし》だが、これは正《ただ》しいのだろうか。日本《にほん》の裏側《うらがわ》は本当《ほんとう》にブラジルで、真下《ました》に向《む》かって穴《あな》を掘《ほ》り進《すす》んでいけば、いつかブラジルに出《で》られるの？

たとえば、東京《とうきょう》は北緯《ほくい》35度《ど》41分《ぷん》、東経《とうけい》１３９度《ど》45分《ふん》。その裏側《うらがわ》の地点《ちてん》は、北緯《ほくい》が南緯《なんい》に変《か》わり、東経《とうけい》の数字《すうじ》を１８０度《ど》から引《ひ》いて「西経《せいけい》」をつけた「南緯《なんい》35度《ど》41分《ぷん》、西経《せいけい》40度《ど》15分《ふん》」。そこはウルグアイから東《ひがし》に１０００㎞離《はな》れた大西洋上《たいせいようじょう》だ。つまり、東京《とうきょう》の裏側《うらがわ》はブラジルではなかった！

これは東京《とうきょう》だけでなく、日本列島《にほんれっとう》の裏側《うらがわ》は、ほぼ南《みなみ》アメリカ沖《おき》の大西洋《たいせいよう》である。地中深《ちちゅうふか》く穴《あな》を掘《ほ》ってブラジルに到達《とうたつ》できるのは、日本《にほん》では奄美大島《あまみおおしま》や沖縄《おきなわ》などだけだ。

そこで、ここでは沖縄県《おきなわけん》の那覇市《なはし》から穴《あな》を掘《ほ》っていくと考《かんが》えよう。那覇《なは》の裏側《うらがわ》はブラジル南東《なんとう》部《ぶ》のパト・ブランコという町《まち》。那覇《なは》からどこまでも穴《あな》を掘《ほ》っていったら、無事《ぶじ》にパト・ブランコにたどり着《つ》けるのだろうか？

◆地球《ちきゅう》の裏側《うらがわ》まで42分《ふん》！

地球《ちきゅう》の直径《ちょっけい》は1万《まん》2800㎞。地球《ちきゅう》の裏側《うらがわ》に達《たっ》する穴《あな》を開《あ》けるには、この距離《きょり》のトンネルを掘《ほ》らなければならない。きわめて大変《たいへん》な工事《こうじ》になる。

地下鉄工事《ちかてつこうじ》などでトンネルを掘《ほ》るのに使《つか》われるシールドマシンは、硬《かた》い岩盤《がんばん》でも力強《ちからづよ》く掘《ほ》り進《すす》んでいくが、そのスピードは最高《さいこう》で時速《じそく》3m前後《ぜんご》。「2㎞」ではなく「3m」だから、ものすごくノロい。このペースで1万《まん》2800㎞を掘《ほ》るには、不眠不休《ふみんふきゅう》でも430万時間《まんじかん》＝485年《ねん》かかる。2017年《ねん》から工事《こうじ》を始《はじ》めたとして、トンネル開通《かいつう》は西暦《せいれき》2502年《ねん》。筆者《ひっしゃ》はもちろん、本《ほん》書《しょ》の読者《どくしゃ》も誰一人《だれひとり》生《い》きていないだろうなあ。

これでは話《はなし》が進《すす》まないから、ここ数年《すうねん》の間《あいだ》にきわめて速《はや》く穴《あな》を掘《ほ》る技術《ぎじゅつ》が開発《かいはつ》されて、那覇《なは》からパト・ブランコまで全長《ぜんちょう》1万《まん》2800㎞の地球貫通《ちきゅうかんつう》トンネルが開通《かいつう》したとしよう。そこへ人間《にんげん》が飛《と》び込《こ》んだらどうなるか。

地球《ちきゅう》の重力《じゅうりょく》は、地球《ちきゅう》の中心《ちゅうしん》に向《む》かって働《はたら》く。そのため、飛《と》び込《こ》んだ人《ひと》は、最初《さいしょ》は重力《じゅうりょく》に引《ひ》かれて速度《そくど》が上《あ》がっていく。地球《ちきゅう》の中心《ちゅうしん》を通過《つうか》するときが最《もっと》も速《はや》くて、そのスピードは、なんとマッハ23！

そして、中心《ちゅうしん》を過《す》ぎると重力《じゅうりょく》に引《ひ》き戻《もど》されて速度《そくど》が落《お》ち始《はじ》め、地球《ちきゅう》の裏側《うらがわ》に達《たっ》する瞬間《しゅんかん》、速度《そくど》はゼロになる。その機《き》を逃《のが》さず、穴《あな》の周囲《しゅうい》のどこかに無事着地《ぶじちゃくち》すれば、そこがゴールだ。計算《けいさん》すると、所要時間《しょようじかん》は42分《ふん》！

かつて成田《なりた》とリオ・デ・ジャネイロ（ブラジルの中心都市《ちゅうしんとし》）をつなぐ直行便《ちょっこうびん》があったころ、所要《しょよう》時間《じかん》は28時間《じかん》だったという。これに比《くら》べると、驚異的《きょういてき》な速《はや》さである。

ただし、着地《ちゃくち》に失敗《しっぱい》すると、再《ふたた》び穴《あな》に向《む》かって落《お》ちていく。そして那覇《なは》に戻《もど》ってくるまで、また42分《ふん》……ということになり、ヘタすると延々《えんえん》これを繰《く》り返《かえ》すことに。何《なに》がなんでも着地《ちゃくち》しよう。

◆地球内部《ちきゅうないぶ》は灼熱地獄《しゃくねつじごく》！

などと簡単《かんたん》に書《か》いてしまったが、この地球貫通《ちきゅうかんつう》の旅《たび》は「熱《ねつ》」との過酷《かこく》な戦《たたか》いになるだろう。

地球《ちきゅう》の内部《ないぶ》は、地殻《ちかく》・上部《じょうぶ》マントル・下部《かぶ》マントル・外核《がいかく》・内核《ないかく》に分《わ》かれていて、中心部《ちゅうしんぶ》に行《い》くほど熱《あつ》くなる。穴《あな》に飛《と》び込《こ》んだとき、周囲《しゅうい》の温度《おんど》がどのように移《うつ》り変《か》わっていくか、時間《じかん》を追《お》って見《み》てみよう。

まず、穴《あな》を落《お》ち始《はじ》めて1分後《ぷんご》、地下《ちか》18㎞に達《たっ》したとき、トンネル内《ない》の気温《きおん》は早《はや》くも５３０℃に！　５分後《ふんご》、地下《ちか》４４０㎞で1千《せん》℃を超《こ》え、10分後《ぷんご》に地下《ちか》１７００㎞で２千《せん》℃を突破《とっぱ》。15分後《ふんご》は地下《ちか》３６００㎞で５千《せん》℃、そして地球《ちきゅう》の中心《ちゅうしん》を通過《つうか》する21分後《ぷんご》には、なんと６千《せん》℃……！

こんな灼熱地獄《しゃくねつじごく》のトンネルに体一《からだひと》つで飛《と》び込《こ》んだら、１分《ぷん》ともたずに死《し》んでしまうだろう。そして死《し》んでしまった後《あと》も、体《からだ》はそのまま落《お》ち続《つづ》ける。やがて水分《すいぶん》は蒸発《じょうはつ》して体《からだ》は炭《すみ》になり、周囲《しゅうい》の酸素《さんそ》と反応《はんのう》して発火炎上《はっかえんじょう》。かろうじて燃《も》え残《のこ》ったカルシウムやリンも、６千《せん》℃の高温《こうおん》で蒸発《じょうはつ》してしまう。結果《けっか》、骨《ほね》はおろか、何《なに》も残《のこ》らない……。

生《い》きて南半球《みなみはんきゅう》の地《ち》を踏《ふ》みたければ、耐熱服《たいねつふく》を着込《きこ》んで身《み》を守《まも》るしかない。だが、６千《せん》℃といえば、太陽《たいよう》の表面《ひょうめん》と同《おな》じ温度《おんど》だ。これに耐《た》えられる物質《ぶっしつ》が地球上《ちきゅうじょう》に存在《そんざい》するのだろうか？

『理科年表《りかねんぴょう》』で調《しら》べてみると、熱《ねつ》で溶《と》ける温度《おんど》が最《もっと》も高《たか》い物質《ぶっしつ》は炭化《たんか》タンタル。溶《と》け始《はじ》める温度《おんど》は３８８０℃。う〜む、６千《せん》℃には全然足《ぜんぜんた》りないか……。

いや、絶望《ぜつぼう》するのはまだ早《はや》い。たとえば、２０１０年《ねん》に帰還《きかん》したＪＡＸＡ《ジャクサ》の小惑星探査機《しょうわくせいたんさき》「は

やぶさ」の例《れい》がある。その本体《ほんたい》は大気圏《たいきけん》に突入《とつにゅう》するときに燃《も》えて消滅《しょうめつ》したが、帰還《きかん》カプセルは3千《ぜん》℃の高熱《こうねつ》に耐《た》えて小惑星《しょうわくせい》イトカワの岩石《がんせき》サンプルを持《も》ち帰《かえ》った。その際《さい》、カプセルを熱《ねつ》から守《まも》ったのがCFRP(炭素繊維《たんそせん》強化《きょうか》プラスチック)製《せい》のヒートシールド。このヒートシールドはみずからは溶《と》けて燃《も》えることでカプセルの表面《ひょうめん》から熱《ねつ》を奪《うば》い、結果的《けっかてき》にカプセルが高温《こうおん》になることを防《ふせ》いでくれたのだ。

この考《かんが》え方《かた》に立《た》てば、炭化《たんか》タンタルは溶《と》けても構《かま》わない。それでも内部《ないぶ》が守《まも》れるだけの厚《あつ》みがあればいいわけだ。外側《そとがわ》から徐々《じょじょ》に溶《と》けていって、炭化《たんか》タンタルの層《そう》がすべて溶《と》けてしまう前《まえ》に、3880℃以上《いじょう》の高温地帯《こうおんちたい》を通過《つうか》する。そのためには、耐熱《たいねつ》服《ふく》というより、人《ひと》が入《はい》れるように中《なか》が空洞《くうどう》になった球体《きゅうたい》がいいかもしれない。内部《ないぶ》の空洞《くうどう》が直径《ちょっけい》2m、炭化《たんか》タンタルの厚《あつ》みを30㎝とすると、球体《きゅうたい》の直径《ちょっけい》は2m60㎝。これが通《とお》り抜《ぬ》けるためには、穴《あな》の直径《ちょっけい》は5m以上《いじょう》ほしいところだ。

◆あまりの恐怖《きょうふ》が待《ま》っている！

こうして、炭化《たんか》タンタルの球《たま》さえあれば、何《なん》とかなりそうな雲行《くもゆ》きに……、あっ。筆者《ひっしゃ》はいま、大切《たいせつ》なことに気《き》がつきました！

地球《ちきゅう》は自転《じてん》しているのだ。地上《ちじょう》の人間《にんげん》も、地球《ちきゅう》といっしょに西《にし》から東《ひがし》へ運動《うんどう》している。北緯《ほくい》26度《ど》の那覇《なは》の場合《ばあい》、時速《じそく》1500㎞というモーレツな速度《そくど》である。そんな状況下《じょうきょうか》、人《ひと》の乗《の》った炭化《たんか》タンタルのボールが落《お》ちていくとどうなるか？

始《はじ》めのうちは、まっすぐ落《お》ちていく。ところが、穴《あな》も回《まわ》っているため、やがて穴《あな》の壁《かべ》が西《にし》から迫《せま》ってきて、炭化《たんか》タンタルのボールにぶつかる。その後《ご》、ボールは穴《あな》の壁《かべ》から離《はな》れることなく、その壁面《へきめん》をごろごろ転《ころ》がっていく……。

わ〜ッ、目《め》が回《まわ》るう、などというノンキな状況《じょうきょう》ではない。落下《らっか》のエネルギーが回転《かいてん》のエネルギーに食《く》われてしまうのだ。すると、落下速度《らっかそくど》は前述《ぜんじゅつ》のマッハ23に達《たっ》しない。それは、地球《ちきゅう》の裏側《うらがわ》まで達《たっ》するための勢《いきお》いが足《た》りないということだ。そのうえ、壁《かべ》との接触《せっしょく》や空気《くうき》との衝突《しょうとつ》で、さらにエネルギーは失《うしな》われる。……で、最終的《さいしゅうてき》にはどうなる!?

地球《ちきゅう》の裏側《うらがわ》までたどり着《つ》けない！

そのはるか手前《てまえ》で引《ひ》き返《かえ》し、今度《こんど》は地球《ちきゅう》の中心《ちゅうしん》を過《す》ぎて那覇《なは》に向《む》かうが、またも手前《てまえ》で引《ひ》き返《かえ》す。こうしてだんだん距離《きょり》を短《みじか》くしながら往復《おうふく》を繰《く》り返《かえ》して、いつか地球《ちきゅう》の中心《ちゅうしん》で静《しず》かに停止《ていし》する。あとは炭化《たんか》タンタルが溶《と》け切《き》るのを待《ま》つばかり……。うっひょ〜、想像《そうぞう》するだけでムチャクチャ怖《こわ》い！

もし地球《ちきゅう》を貫《つらぬ》く穴《あな》があっても、安易《あんい》に飛《と》び込《こ》むのは危険《きけん》です。気《き》をつけましょう。

とっても気《き》になるアニメの疑問《ぎもん》

超《ちょう》天《てん》元《げん》突《とっ》破《ぱ》グレンラガンとゲッターエンペラー、どちらもデカいけど、強《つよ》いのはどっち？

筆者《ひっしゃ》が子《こ》どもの頃《ころ》、巨大《きょだい》ロボットといえば、マジンガーZだった。身長《しんちょう》18m。人間《にんげん》のおよそ10倍《ばい》の大《おお》きさだ。ああ、わかりやすいな〜。と喜《よろこ》んでいる理由《りゆう》はすぐにわかります。

この作品《さくひん》が大《だい》ヒットして、ロボットアニメが次々《つぎつぎ》に作《つく》られるようになると、登場《とうじょう》するロボットたちも次第《しだい》に巨大化《きょだいか》していった。マジンガーZ（1972年《ねん》）の後継機《こうけいき》のグレート・マジンガー（74年《ねん》）が25m。さらに後継《こうけい》のUFO《ユーフォー》ロボ・グレンダイザー（75年《ねん》）が30m。惑星《わくせい》ロボ・ダンガードA《エース》（77年《ねん》）や『トップをねらえ！』のガンバスター（88年《ねん》）に至《いた》っては200m！　この時点《じてん》で、すでに人間《にんげん》の100倍《ばい》を超《こ》えるわけで、筆者《ひっしゃ》はもはやロボットの大《おお》きさを実感《じっかん》できなくなり、「わしの時代《じだい》は終《お》わったのう」と、時《とき》の流《なが》れについていくのをあきらめたのじゃ……。

だが、実《じつ》は200mなんて、まだまだ甘《あま》かった。さらにその後《ご》のロボットアニメでは、想像《そうぞう》を絶《ぜっ》するサイズのロボットが登場《とうじょう》していたのだ。

『真《しん》ゲッターロボ』のゲッターエンペラー(96年《ねん》)は3機《き》のゲットマシンが合体《がったい》して出現《しゅつげん》するロボットだが、そのゲットマシン1機《き》が、惑星《わくせい》に匹敵《ひってき》するほど巨大《きょだい》なのだという!

『天元突破《てんげんとっぱ》グレンラガン』に登場《とうじょう》するグレンラガン(2007年《ねん》)も超巨大《ちょうきょだい》だ。この作品《さくひん》では、主人公《しゅじんこう》のシモンたちが乗《の》り込《こ》むロボットが「ガンメン」と呼《よ》ばれる。シモンのガンメンは味方《みかた》のガンメンと合体《がったい》を繰《く》り返《かえ》しながら、どんどん巨大化《きょだいか》。最終形態《さいしゅうけいたい》の超天元突破《ちょうてんげんとっぱ》グレンラガンは、身長《しんちょう》が銀河《ぎんが》の直径《ちょっけい》を超《こ》えてしまった!

もう、腰《こし》が抜《ぬ》けそうなほど巨大《きょだい》である。では、これらの超巨大《ちょうきょだい》なロボット同士《どうし》が対戦《たいせん》したら、いったいどんな戦《たたか》いになるのだろうか?

◆そこにいるだけで被害《ひがい》が!

まず、ゲッターエンペラーがどれくらい大《おお》きいかを把握《はあく》してみよう。

ゲットマシン1機《き》の大《おお》きさは不明《ふめい》なので、推定《すいてい》するしかない。マンガのコマを見《み》ると、1機《き》のゲットマシンは惑星《わくせい》とほぼ同《おな》じサイズに描《えが》かれている。この惑星《わくせい》が地球《ちきゅう》くらいなら、ゲットマシン1機《き》の全長《ぜんちょう》は1万《まん》2800㎞だ！

これが合体《がったい》するのだから、当然《とうぜん》もっとデカくなる。どのくらい大《おお》きくなるかを、元祖《がんそ》『ゲッターロボ』(74年《ねん》に放送《ほうそう》されたアニメ作品《さくひん》)のデータを参考《さんこう》にして計算《けいさん》すると、ゲッターエンペラーの身長《しんちょう》は3万《まん》6千《せん》㎞！

う〜む、計算《けいさん》すれば地球《ちきゅう》の3倍弱《ばいじゃく》なのはわかるが、キモチのうえではなかなか実感《じっかん》できない。

そこで重量《じゅうりょう》を計算《けいさん》してみると、1垓《がい》9千京《せんけい》t。「京《けい》」とは「兆《ちょう》」の1万倍《まんばい》、「垓《がい》」とはそのまた1万倍《まんばい》。1垓《がい》9千京《せんけい》tとは月《つき》の重量《じゅうりょう》の2・6倍《ばい》……と頭《あたま》ではわかるが、やっぱり実感《じっかん》できん！

が、これらの計算《けいさん》が正《ただ》しいとすると、とんでもない事態《じたい》が起《お》こることだけはわかる。もしゲッターエンペラーが地球《ちきゅう》から38万《まん》㎞の距離《きょり》(月《つき》までと同《おな》じ距離《きょり》)にいた場合《ばあい》、地球《ちきゅう》は月《つき》の2・6倍《ばい》の重力《じゅうりょく》の影響《えいきょう》を受《う》けるということだ。たとえば、潮《しお》の満《み》ち引《ひ》きは月《つき》の重力《じゅうりょく》の影響《えいきょう》で起《お》こるから、もちろん潮《しお》の満《み》ち引《ひ》きする高低差《こうていさ》も2・6倍《ばい》に！

これによって、満潮時《まんちょうじ》と干潮時《かんちょうじ》の高低差《こうていさ》は現在《げんざい》の平均《へいきん》1・5mから3・9mへと大《おお》きくなる。多《おお》くの港《みなと》は海水《かいすい》につかり、車《くるま》やコンテナが流失《りゅうしつ》するなどの被害《ひがい》を受《う》けるだろう。ゲッターエンペラー自体《じたい》は、単《たん》にそこにいるだけなのに……。

◆デカいにもホドがある

では、このロボットより明《あき》らかにデカいと思《おも》われるグレンラガンのサイズはどうか。

劇場版《げきじょうばん》『天元突破《てんげんとっぱ》グレンラガン螺巌篇《らがんへん》』の描写《びょうしゃ》を見《み》ると、もう開《あ》いた口《くち》がふさがらない。最終《さいしゅう》形態《けいたい》にもなっていない段階《だんかい》で、身長《しんちょう》が銀河《ぎんが》の17分《ぶん》の1ほどもあり、敵《てき》のロボット(これも同《おな》じくらい巨大《きょだい》)とともに、銀河《ぎんが》を床《ゆか》のようにドカドカ蹴《け》って突進《とっしん》したり、小規模《しょうきぼ》な銀河《ぎんが》を手裏剣《しゅりけん》のように投《な》げ合《あ》ったりしていた！　なんじゃそりゃ!?

そして合体《がったい》は進《すす》み、いよいよ最終形《さいしゅうけい》の超天元突破《ちょうてんげんとっぱ》グレンラガンが登場《とうじょう》！　その身長《しんちょう》たるや、戦《たたか》いの舞台《ぶたい》となっている銀河《ぎんが》の直径《ちょっけい》の、およそ2倍《ばい》。この銀河《ぎんが》の大《おお》きさが、われわれの銀河系《ぎんがけい》と同《おな》じだとすると、その直径《ちょっけい》は10万光年《まんこうねん》。すると超天元突破《ちょうてんげんとっぱ》グレンラガンは、身長《しんちょう》20万光年《まんこうねん》＝190京《けい》kmということになる！

これは、先《さき》ほど算出《さんしゅつ》したゲッターエンペラーの身長《しんちょう》の、実《じつ》に52兆倍《ちょうばい》だ。こうなるともう、体重《たいじゅう》を計算《けいさん》するのも空恐《そらおそ》ろしい。グレンラガンの身長《しんちょう》・体重《たいじゅう》は明《あき》らかにされていないので、ゲッターロボを元《もと》に計算《けいさん》すれば、その体重《たいじゅう》は270000000000000000000000000000000000000000000000000000000000(0が60個《こ》)t！

なんと、全宇宙《ぜんうちゅう》の質量《しつりょう》の20億倍《おくばい》なのだ！　あ、あり得《え》ない！

◆えっ、それが戦《たたか》い……!?

ともに常軌《じょうき》を逸《いっ》したデカさ！　といいながら、グレンラガンとゲッターエンペラーは、スケールがまったく違《ちが》うことが判明《はんめい》した。これほどサイズの違《ちが》うロボット同士《どうし》が戦《たたか》ったらどうなるのか。

まず、超天元突破《ちょうてんげんとっぱ》グレンラガンからすれば、敵《てき》のゲッターエンペラーを探《さが》し出《だ》すのが難《むずか》しいと思《おも》われる。それは、超天元突破《ちょうてんげんとっぱ》グレンラガンを身長《しんちょう》180cmの人間《にんげん》に置《お》き換《か》えると、ゲッターエンペラーの大《おお》きさは原子《げんし》の直径《ちょっけい》(1千万分《せんまんぶん》の1㎜)の3千分《ぜんぶん》の1ほどになるから。超天元突破《ちょうてんげんとっぱ》グレンラガンは、顕微鏡《けんびきょう》を片手《かたて》に全宇宙《ぜんうちゅう》を探《さが》し回《まわ》らない限《かぎ》り、ゲッターエンペラーを見《み》ることさえできないのだ。まあ、何億年《なんおくねん》かかっても無理《むり》でしょうなあ。

仮《かり》に、運《うん》よく発見《はっけん》できたとしても、今度《こんど》は攻撃《こうげき》ができない。なぜなら、超天元突破《ちょうてんげんとっぱ》グレンラガンの身長《しんちょう》は20万光年《まんこうねん》。この世《よ》に存在《そんざい》するもののなかで最《もっと》も速《はや》い「光《ひかり》」でさえ、頭《あたま》からつま先《さき》まで到達《とうたつ》するのに20万年《まんねん》かかる。どんな情報《じょうほう》も、これより速《はや》く到達《とうたつ》することはできない。

たとえば、自分《じぶん》の足下《あしもと》にゲッターエンペラーがいたとして、その姿《すがた》を伝《つた》える光《ひかり》が超天元突破《ちょうてんげんとっぱ》グレンラガンに乗《の》ったシモンの目《め》に届《とど》くまで20万年《まんねん》かかる。それを見《み》たシモンが「キックだ！」と命令《めいれい》を下《くだ》しても、命令《めいれい》が足《あし》に伝《つた》わるのも20万年後《まんねんご》。たとえ光《ひかり》の速《はや》さでキックを繰《く》り出《だ》したとしても、敵《てき》に届《とど》くまでさらに5万年《まんねん》くらいかかるだろう。結局《けっきょく》、足下《あしもと》の敵《てき》を攻撃《こうげき》するのに45万年《まんねん》、地《ち》

球《きゅう》の歴史《れきし》でいえば、北京原人《ペキンげんじん》のいた原始時代《げんしじだい》から現代《げんだい》までと同《おな》じくらいかかってしまうのだ！　キックが決《き》まった頃《ころ》、ゲッターエンペラーはそのへんにはいないでしょうなあ。

一方《いっぽう》、ゲッターエンペラーも、敵《てき》に対《たい》してまともな攻撃《こうげき》はできない。なにしろ、超天元突破《ちょうてんげんとっぱ》グレンラガンの足下《あしもと》に自分《じぶん》がいたとして、敵《てき》の頭部《とうぶ》は20万光年《まんこうねん》彼方《かなた》にある。天体望遠鏡《てんたいぼうえんきょう》でも使《つか》わない限《かぎ》り、見《み》ることはできない。また、たとえ見《み》えたとしても、その映像《えいぞう》は20万年前《まんねんまえ》の情報《じょうほう》だから、まったく役《やく》に立《た》たないだろう。そもそも、超天元突破《ちょうてんげんとっぱ》グレンラガンが視野《しや》に入《はい》っても、あまりに巨大《きょだい》すぎて、それがロボットだとは気《き》づかないんじゃないか？

すると、両者《りょうしゃ》の戦《たたか》いはまるで成立《せいりつ》しないようにも思《おも》えるが、実《じつ》はそうではない。

全宇宙《ぜんうちゅう》の20億倍《おくばい》もの質量《しつりょう》を持《も》つ物体《ぶったい》が存在《そんざい》すると、その周囲《しゅうい》には猛烈《もうれつ》な重力《じゅうりょく》が働《はたら》く。つまり、超天元突破《ちょうてんげんとっぱ》グレンラガンは、そこに存在《そんざい》するだけで周囲《しゅうい》のものを強烈《きょうれつ》な力《ちから》で引《ひ》き寄《よ》せてしまうのだ。その重力《じゅうりょく》の強《つよ》さは、超天元突破《ちょうてんげんとっぱ》グレンラガンの重心《じゅうしん》から1億光年《おくこうねん》離《はな》れた地点《ちてん》においても、地《ち》球《きゅう》の重力《じゅうりょく》の２００万倍《まんばい》！　ということは、ゲッターエンペラーもそこにいたら、光《ひかり》の速度《そくど》の99・９９９９９９９９９９９９９９９９９９９９９９９９９９９９９９９９５％のスピードで、超天《ちょうてん》元突破《げんとっぱ》グレンラガンに激突《げきとつ》！　木《こ》っ端《ぱ》微塵《みじん》だ！

もちろん超天元《ちょうてんげん》グレンラガンは、ゲッターエンペラーが壮絶《そうぜつ》な最期《さいご》を遂《と》げたことなど、まったく気《き》づかない。われわれに酸素分子《さんそぶんし》1個《こ》がぶつかっても気《き》づかないのと同《おな》じだ。結局《けっきょく》、本人《ほんにん》たちは何《なに》が起《お》きたのかさっぱりわからないまま、超天元突破《ちょうてんげんとっぱ》グレンラガンが勝利《しょうり》を収《おさ》めることになる。

超《ちょう》とんでもなく巨大《きょだい》なロボットたちの激突《げきとつ》は、スケールがめちゃくちゃ壮大《そうだい》にもかかわらず、いや、むしろ壮大《そうだい》すぎるからこそ、まるっきり盛《も》り上《あ》がらない戦《たたか》いに終《お》わるのであった。

とっても気《き》になる昔話《むかしばなし》の疑問《ぎもん》

浦島太郎《うらしまたろう》はなぜ、玉手箱《たまてばこ》を開《あ》けたら白髪《しらが》のおじいさんになったのでしょうか？

昔話《むかしばなし》『浦島太郎《うらしまたろう》』をどう読《よ》むか。これは、その人《ひと》の人生観《じんせいかん》次第《しだい》であろう。

カメを助《たす》けたお礼《れい》に、竜宮城《りゅうぐうじょう》に招待《しょうたい》された浦島太郎《うらしまたろう》は、おいしいご馳走《ちそう》やタイやヒラメの舞《ま》い踊《おど》りでもてなされ、時《とき》の経《た》つのも忘《わす》れて楽《たの》しい毎日《まいにち》を送《おく》った。一説《いっせつ》によれば、その期間《きかん》は3年《ねん》。

そんなに長《なが》く遊《あそ》び呆《ほう》けたとは贅沢《ぜいたく》ですな〜。

だが、竜宮城《りゅうぐうじょう》で過《す》ごした3年《ねん》は、人間界《にんげんかい》の３００年《ねん》に相当《そうとう》したため、いざ自分《じぶん》の住《す》む世界《せかい》に帰《かえ》ってみると、そこは知《し》っている人《ひと》が誰《だれ》もいない、さみしい未来《みらい》だった。おまけに、お土産《みやげ》にもらった玉手箱《たまてばこ》を開《あ》けた途端《とたん》、モクモクと白《しろ》い煙《けむり》が立《た》ち昇《のぼ》り、太郎《たろう》は白髪白髭《しらがしろひげ》のおじいさんに。急《きゅう》に

高齢者《こうれいしゃ》となった太郎《たろう》が、見知《みし》らぬ世界《せかい》で生活《せいかつ》を立《た》て直《なお》すことは難《むずか》しいだろう。

このラストシーンについて「太郎《たろう》は約束《やくそく》を破《やぶ》ったのだから、どんな目《め》にあっても仕方《しかた》がない」と考《かんが》える人《ひと》もいれば、「恩《おん》を仇《あだ》で返《かえ》した乙姫《おとひめ》さまはひどい」と思《おも》う人《ひと》もいるだろう。ここでは『浦島太郎《うらしまたろう》』をどう解釈《かいしゃく》するべきか、科学《かがく》の視点《してん》から考《かんが》えてみよう。

◆海《うみ》に潜《もぐ》るのに一苦労《ひとくろう》

漁師《りょうし》の浦島太郎《うらしまたろう》はある日《ひ》、浜辺《はまべ》で子《こ》どもたちにいじめられているウミガメを助《たす》けてあげた。多《おお》くの絵本《えほん》によると、太郎《たろう》は子《こ》どもたちに小遣《こづか》いを渡《わた》して、ウミガメを放《はな》させたらしい。ウミガメは喜《よろこ》んで海《うみ》に帰《かえ》っていった。

数日後《すうじつご》、助《たす》けたウミガメが浦島太郎《うらしまたろう》を迎《むか》えにくる。「お礼《れい》に、竜宮城《りゅうぐうじょう》までお連《つ》れしましょう」。太郎《たろう》がカメの背中《せなか》に乗《の》ると、カメは海底《かいてい》にある竜宮城《りゅうぐうじょう》へ向《む》かうのだった……。

太郎《たろう》が水中《すいちゅう》で呼吸《こきゅう》できたのは、乙姫《おとひめ》さまの不思議《ふしぎ》な力《ちから》のおかげらしい。それはそれでナットクしたとして、筆者《ひっしゃ》が気《き》になるのは、太郎《たろう》のカメへの乗《の》り方《かた》だ。多《おお》くの絵本《えほん》では、甲羅《こうら》の上《うえ》にあぐらをかいているが、これはちょっとマズくないか。

水《みず》には浮力《ふりょく》があり、海水《かいすい》の浮力《ふりょく》はさらに大《おお》きい。カメが海底《かいてい》へと潜《もぐ》っていけば、あぐらをかいた太郎《たろう》はたちまち甲羅《こうら》から離《はな》れ、自分《じぶん》だけプカプカ浮《う》いてしまう。カメが気《き》づいてくれなければ、どこかの海中《かいちゅう》に置《お》き去《ざ》りだ。

太郎《たろう》にはカメの甲羅《こうら》にまたがって、両足《りょうあし》でしっかり挟《はさ》みつけてほしいが、すると水《みず》の抵抗《ていこう》を受《う》ける。調《しら》べてみると、ウミガメの泳《およ》ぐ速度《そくど》は時速《じそく》20㎞。これは泳《およ》ぐスピードとしては猛烈《もうれつ》だ。たとえば競泳《きょうえい》１００m男子《だんし》自由形《じゆうがた》の世界記録《せかいきろく》はセザール・シエロフィリョの46秒《びょう》９１。それでも速《はや》さは時速《じそく》７・７㎞なのだ。ウミガメはその3倍近《ばいちか》く速《はや》い。

時速《じそく》20㎞で泳《およ》ぐカメの背中《せなか》に人間《にんげん》がまたがっていると、水《みず》から６００㎏の抵抗《ていこう》を受《う》ける。太郎《たろう》は足《あし》にいよいよ力《ちから》を込《こ》め、カメの甲羅《こうら》を万力《まんりき》のように挟《はさ》みつけるしかないが、６００㎏の抵抗《ていこう》は太郎《たろう》の体《からだ》を通《つう》じてカメにも伝《つた》わる。カメも６００㎏の力《ちから》を出《だ》さなければ時速《じそく》20㎞は維持《いじ》できない。

竜宮城《りゅうぐうじょう》に着《つ》いた頃《ころ》には、太郎《たろう》もカメも疲労困憊《ひろうこんぱい》していたことだろう……。

◆竜宮城《りゅうぐうじょう》に釣《つ》り竿《ざお》を持《も》ち込《こ》む無神経《むしんけい》！

『浦島太郎《うらしまたろう》』の絵本《えほん》を見《み》ていると、もう一《ひと》つ気《き》になることがある。

それは、竜宮城《りゅうぐうじょう》に向《む》かう太郎《たろう》が、どの本《ほん》でも釣《つ》り竿《ざお》を担《かつ》ぎ、魚籠《びく》を腰《こし》につけた姿《すがた》で描《えが》かれていること。太郎《たろう》は魚《さかな》を捕《と》ることを生業《なりわい》にしている漁師《りょうし》だから、これが彼《かれ》の日常装備《にちじょうそうび》なのだろう。だが魚《さかな》の側《がわ》から見《み》れば、釣《つ》り竿《ざお》も魚籠《びく》も、多《おお》くの仲間《なかま》たちの命《いのち》を奪《うば》ってきた殺戮兵器《さつりくへいき》！　魚《さかな》の国《くに》の国民感情《こくみんかんじょう》をこれほど逆《さか》なでするものはなく、それらを身《み》につけたまま竜宮城《りゅうぐうじょう》に赴《おもむ》くとは、太郎《たろう》はあまりに無神経《むしんけい》ではないだろうか。

当然《とうぜん》、乙姫《おとひめ》さまはいい顔《かお》をしない……と思《おも》ったら、まったく気《き》にする素振《そぶ》りも見《み》せず、太郎《たろう》にご馳走《ちそう》を振《ふ》る舞《ま》い、タイやヒラメを舞《ま》い踊《おど》らせて歓待《かんたい》する。いったいどうなっているの？

科学的《かがくてき》に考《かんが》えれば、乙姫《おとひめ》さまが、太郎《たろう》が漁師《りょうし》だと気《き》づかなかった可能性《かのうせい》はある。なぜなら、空《くう》中《ちゅう》から水中《すいちゅう》が見《み》えにくいように、海中《かいちゅう》からは水面上《すいめんじょう》は見《み》えにくいからだ。

これは、光《ひかり》の屈折《くっせつ》と反射《はんしゃ》のせいだ。夏《なつ》、プールに入《はい》ったら、潜《もぐ》って水面《すいめん》を見上《みあ》げてみよう。真《ま》上《うえ》はどうにか見《み》えるが、斜《なな》め上《うえ》は、水面《すいめん》が鏡《かがみ》のように銀色《ぎんいろ》に光《ひか》って、まったく見《み》えないはずだ。これは、真上以外《まうえいがい》の空気中《くうきちゅう》の景色《けしき》は、光《ひかり》の屈折《くっせつ》のために大《おお》きくゆがむから。そして、真上《まうえ》から49度以上離《どいじょうはな》れた水面《すいめん》は、水中《すいちゅう》からの光《ひかり》をすべて反射《はんしゃ》してしまうからだ。

だから、乙姫様《おとひめさま》の目前《もくぜん》で、魚《さかな》が太郎《たろう》に釣《つ》り上《あ》げられても、太郎《たろう》の姿《すがた》はもちろん、釣《つ》り竿《ざお》さえ見《み》えなかった可能性《かのうせい》もある。結局《けっきょく》、水中《すいちゅう》から見《み》えるのは釣《つ》り針《ばり》とエサだけ。竜宮城《りゅうぐうじょう》の関係者《かんけいしゃ》は、太《た》郎《ろう》が釣《つ》り竿《ざお》や魚籠《びく》を持《も》っていても、それが何《なん》だか知《し》らなかったのかもしれません。助《たす》かったなあ、浦島太郎《うらしまたろう》。

◆玉手箱《たまてばこ》には何《なに》が入《はい》ってた?

さて、竜宮城《りゅうぐうじょう》で連日連夜《れんじつれんや》の歓《かん》待《たい》を受《う》けた太郎《たろう》だが、家《いえ》に残《のこ》してきた母親《ははおや》のことが気《き》になり、そろそろ帰《かえ》りたいと乙姫様《おとひめさま》に告《つ》げる。乙姫《おとひめ》さまは太郎《たろう》を引《ひ》き止《と》めるが、太郎《たろう》の意志《いし》が固《かた》いことを知《し》ると、お土産《みやげ》に玉手箱《たまてばこ》を渡《わた》す。乙姫《おとひめ》さまはなぜか「決《けっ》して開《あ》けるな」と注意《ちゅうい》しているけど、「開《あ》けるな」と言《い》われれば、開《あ》けたくなるのが人情《にんじょう》というもので、太郎《たろう》は案《あん》の定《じょう》、玉手箱《たまてばこ》を開《あ》けてしまう。

すると、玉手箱《たまてばこ》からは白《しろ》い煙《けむり》

が立《た》ち昇《のぼ》り、煙《けむり》を浴《あ》びた太郎《たろう》はたちまち老人《ろうじん》になってしまったのだが、これは科学的《かがくてき》に、あまりに不思議《ふしぎ》。なぜこんなことが起《お》きたのか、物語《ものがたり》をもう一度《いちど》ふり返《かえ》って考《かんが》えてみよう。

絵《え》にも描《か》けない桃源郷《とうげんきょう》に行《い》きました。夢《ゆめ》のようなご馳走《ちそう》が出《で》て、きれいな女性《じょせい》がずっと相手《あいて》をしてくれました。帰《かえ》るなと引《ひ》き止《と》められました。それを振《ふ》り切《き》って帰《かえ》ろうとすると、女《おんな》の人《ひと》が何《なに》かを渡《わた》してくれました。……ややっ。この渡《わた》してくれたものって、世間《せけん》の常識《じょうしき》で考《かんが》えれば「請求《せいきゅう》書《しょ》」なのでは？　ひょっとしたら竜宮城《りゅうぐうじょう》は、銀座《ぎんざ》あたりの高級《こうきゅう》クラブみたいなものだった⁉

う〜む、まるで科学《かがく》とは関係《かんけい》ないけど、なんだか妙《みょう》に合点《がてん》がいくなあ。もし、この想像《そうぞう》が当《あ》たっていたら、その請求書《せいきゅうしょ》には恐《おそ》ろしい金額《きんがく》が書《か》かれていたはずだ。たとえば銀座《ぎんざ》の高級《こうきゅう》クラブで3年間《ねんかん》、他《ほか》に客《きゃく》のいない貸《か》し切《き》りで大豪遊《だいごうゆう》した場合《ばあい》、料金《りょうきん》はいくらになるのか。筆者《ひっしゃ》は銀座《ぎんざ》に縁《えん》遠《どお》いのでよく知《し》らないが、一晩《ひとばん》10万円《まんえん》、いや１００万円《まんえん》？　仮《かり》に10万円《まんえん》だったとしても、３年間《ねんかん》で1億《おく》９５０万円《まんえん》。人間界《にんげんかい》の３００年《ねん》で計算《けいさん》された日《ひ》には、１０９億《おく》5千万円《せんまんえん》！

こんな請求書《せいきゅうしょ》を見《み》てしまったら、ショックのあまり一気《いっき》に白髪《しらが》になるのも当然《とうぜん》……いや、科学《かがく》的《てき》には、やっぱり白髪《しらが》にはなりません。心臓《しんぞう》には悪《わる》そうだけど。

まあ、考《かんが》えてみれば、浦島太郎《うらしまたろう》がやったのは、子《こ》どもに小遣《こづか》いをあげてウミガメを助《たす》けただけ。それで３００年間《ねんかん》も歓待《かんたい》してもらえるほど、世《よ》の中《なか》は甘《あま》くはないということですなあ。

『宇宙戦艦《うちゅうせんかん》ヤマト』最終回《さいしゅうかい》で死《し》んだ沖田艦長《おきたかんちょう》。後《のち》に復活《ふっかつ》したそうですが、なぜ!?

日本《にほん》のアニメ史《し》に輝《かがや》く『宇宙戦艦《うちゅうせんかん》ヤマト』は、その最終回《さいしゅうかい》も感動的《かんどうてき》だった。見事《みごと》な締《し》めくくりだったからこそ、名作《めいさく》として完成《かんせい》した、ともいえるかもしれない。

物語《ものがたり》の骨格《こっかく》はこうだ。ガミラス星人《せいじん》による遊星爆弾攻撃《ゆうせいばくだんこうげき》を受《う》け、放射能汚染《ほうしゃのうおせん》で滅亡《めつぼう》まであと1年《ねん》に迫《せま》った人類《じんるい》は、宇宙戦艦《うちゅうせんかん》ヤマトを発進《はっしん》させた。ヤマトの使命《しめい》は、はるか大《だい》マゼラン星雲《せいうん》のイスカンダル星《せい》にある放射能除去装置《ほうしゃのうじょきょそうち》を持《も》ち帰《かえ》ること。執拗《しつよう》なガミラスの妨害《ぼうがい》に苦《くる》しんだヤマトだったが、ガミラス星《せい》を滅《ほろ》ぼし、放射能除去装置《ほうしゃのうじょきょそうち》も手《て》に入《い》れる。そして、最終回《さいしゅうかい》、発進《はっしん》から11ヵ月《げつ》を経《へ》て、再《ふたた》び地球《ちきゅう》の見《み》えるところまで戻《もど》ってきた。

だが、宇宙放射線病《うちゅうほうしゃせんびょう》に蝕《むしば》まれた沖田十三艦長《おきたじゅうぞうかんちょう》の命《いのち》は、そこまでが限界《げんかい》だった。艦長室《かんちょうしつ》で付《つ》き添《そ》っていた艦医《かんい》・佐渡酒造《さどさけぞう》に「わしを一人《ひとり》にしてくれないか」と頼《たの》むと、だんだんと大《おお》きく見《み》えてくる故郷《こきょう》の星《ほし》を見《み》ながら、弱々《よわよわ》しく「地球《ちきゅう》か……。何《なに》もかも皆《みな》、懐《なつ》かしい……」とつぶやく。そして、息子夫婦《むすこふうふ》といっしょに写《うつ》った写真《しゃしん》を取《と》り落《お》として、静《しず》かに息《いき》を引《ひ》き取《と》ったのだった。

同《おな》じ頃《ころ》、沖田艦長《おきたかんちょう》の死《し》を知《し》らないヤマトの乗組員《のりくみいん》たちは、近《ちか》づく地球《ちきゅう》を前《まえ》に沸《わ》き立《た》っていた。その様子《ようす》を見《み》た佐渡先生《さどせんせい》は、艦長《かんちょう》の死《し》を知《し》らせることができない。喜《よろこ》びと希望《きぼう》に胸《むね》を膨《ふく》らませた若者《わかもの》たちを乗《の》せて、ヤマトは母《はは》なる地球《ちきゅう》に帰《かえ》っていく……。完《かん》。

うおへん。こうやって文章《ぶんしょう》に綴《つづ》っているだけでも感動《かんどう》の波動《はどう》が胸《むね》にせり上《あ》がってくる！

ところが、このとき死《し》んだはずの沖田艦長《おきたかんちょう》が、後《のち》に復活《ふっかつ》したからビックリ。な、なんで!?

◆説明《せつめい》は後《あと》まわしでいいの!?

人《ひと》の死《し》は悲《かな》しい。沖田艦長《おきたかんちょう》にも死《し》んでほしくなかった。しかし、ヤマトは無事《ぶじ》に放射能除去装置《ほうしゃのうじょきょそうち》を持《も》ち帰《かえ》ったのだから、艦長《かんちょう》の死《し》は、いわば使命《しめい》を果《は》たした英雄《えいゆう》の大往生《だいおうじょう》だ。だからこそ多《おお》くの視聴者《しちょうしゃ》も、沖田艦長《おきたかんちょう》の死《し》を素直《すなお》に受《う》け入《い》れたのだと思《おも》う。

また、続編《ぞくへん》の『宇宙戦艦《うちゅうせんかん》ヤマト2』では、英雄《えいゆう》の丘《おか》に建《た》てられた沖田艦長《おきたかんちょう》の銅像《どうぞう》の下《もと》で、ヤマトのクルーたちが酒《さけ》を酌《く》み交《か》わすシーンが何度《なんど》も描《えが》かれた。艦長《かんちょう》の偉大《いだい》さと人望《じんぼう》の厚《あつ》さがひしひしと伝《つた》わり、その場《ば》はまるで亡《な》き恩師《おんし》を偲《しの》ぶ同窓会《どうそうかい》のようだった。

そんなふうに、劇中《げきちゅう》の人々《ひとびと》も、われわれ視聴者《しちょうしゃ》も、悲《かな》しみを乗《の》り越《こ》えて艦長《かんちょう》の死《し》を受《う》け入《い》れたのである。ところが数年後《すうねんご》(劇中《げきちゅう》の時間《じかん》では3年後《ねんご》)、劇場版映画《げきじょうばんえいが》第5作《さく》『宇宙戦艦《うちゅうせんかん》ヤマト完結編《かんけつへん》』において、死《し》んだはずの沖田艦長《おきたかんちょう》が突然《とつぜん》よみがえったのだ！

第一声《だいいっせい》は、発進準備《はっしんじゅんび》を急《いそ》ぐ乗組員《のりくみいん》たちに艦内放送《かんないほうそう》を通《つう》じて放《はな》たれた。「私《わたし》は宇宙戦艦《うちゅうせんかん》ヤマト初《しょ》代艦長《だいかんちょう》・沖田十三《おきたじゅうぞう》である！　ただいまよりヤマトは出撃準備《しゅつげきじゅんび》に入《はい》る。総員《そういん》、配置《はいち》につけ！」。

乗組員《のりくみいん》たちはどれほど驚《おどろ》いたことだろう。銅像《どうぞう》まで建《た》てられている人《ひと》が、いきなり艦内放送《かんないほうそう》で命令《めいれい》を下《くだ》したのだ。普通《ふつう》だったら、悪質《あくしつ》な冗談《じょうだん》と思《おも》って信《しん》じないのではないかなあ。

劇中《げきちゅう》、主人公《しゅじんこう》・古代進《こだいすすむ》らが慌《あわ》てて集合《しゅうごう》してみると、果《は》たして沖田艦長《おきたかんちょう》はそこにいた！　そして「心配《しんぱい》するな。このとおり、2本《ほん》とも足《あし》はついておる。説明《せつめい》は後《あと》だ！」。いや、心配《しんぱい》とかじゃなくて、もはやブキミなんですけど！　ちゃんと説明《せつめい》してください！

しかしその場《ば》で説明《せつめい》はなされず、ヤマトが大気圏外《たいきけんがい》に脱出《だっしゅつ》し、巡航態勢《じゅんこうたいせい》に入《はい》ってから、沖田艦《おきたかん》長同席《ちょうどうせき》のもとで佐渡先生《さどせんせい》から古代《こだい》らに、艦長生存《かんちょうせいぞん》のいきさつが語《かた》られるのだった。古代《こだい》は「そうだったのか」とあっさり納得《なっとく》していたが、それは説得力《せっとくりょく》のある説明《せつめい》だったのか？

◆ええっ、そんな理由《りゆう》!?

沖田艦長《おきたかんちょう》の主治医《しゅじい》・佐渡酒造《さどさけぞう》の言葉《ことば》は、アッと驚《おどろ》くものだった。

「わしの誤診《ごしん》でな」

ご、誤診《ごしん》!? 佐渡先生《さどせんせい》が、生死《せいし》の判断《はんだん》を間違《まちが》えたということ!?

人《ひと》の死《し》は医師《いし》にしか判断《はんだん》できないと法律《ほうりつ》で決《き》められており、医師《いし》は次《つぎ》の3つの基準《きじゅん》をすべて満《み》たしているとき、初《はじ》めてその人《ひと》が死《し》んだと診断《しんだん》する。

①心拍動《しんぱくどう》の停止《ていし》(心臓《しんぞう》が停止《ていし》したため、脈拍《みゃくはく》がない)

②自発呼吸《じはつこきゅう》の停止《ていし》(息《いき》をしていない)

③瞳孔《どうこう》の光反射《ひかりはんしゃ》の消失《しょうしつ》(脳《のう》の機能《きのう》が停止《ていし》したため光《ひかり》に反応《はんのう》しない)

佐渡先生《さどせんせい》はいったい何《なに》を間違《まちが》えたのか? そう思《おも》って、最終回《さいしゅうかい》の感動《かんどう》のシーンを見直《みなお》してみると……、ありやりゃ!

先生《せんせい》は艦長室《かんちょうしつ》に入《はい》るや否《いな》や、その場《ば》でキッと表情《ひょうじょう》を引《ひ》き締《し》めて敬礼《けいれい》した! 以上《いじょう》。

うわ〜。右《みぎ》の3つの基準《きじゅん》の、どれ一《ひと》つ確認《かくにん》していない! 部屋《へや》の入口《いりぐち》から見《み》ただけ!

これはもう、誤診《ごしん》以前《いぜん》の問題《もんだい》だ。なんちゅうヤブ医者《いしゃ》か。ヤマトはこんな人《ひと》を軍医《ぐんい》として乗艦《じょうかん》させていたとは……。乗組員《のりくみいん》はたちまち不安《ふあん》になったに違《ちが》いない。

劇中《げきちゅう》の説明《せつめい》によれば、ヤマトが地球《ちきゅう》に帰還《きかん》したとき、沖田艦《おきたかん》長《ちょう》はまだ生《い》きていた。そこで、ただちに特別医師団《とくべついしだん》が結成《けっせい》され、救命措置《きゅうめいそち》と同時《どうじ》に宇宙放射線病《うちゅうほうしゃせんびょう》治療《ちりょう》の手術《しゅじゅつ》も行《おこな》われた。手術《しゅじゅつ》は成功《せいこう》し、艦長《かんちょう》はその後《ご》、長《なが》い療《りょう》養生活《ようせいかつ》を送《おく》っていたのだという。

その間《かん》に、英雄《えいゆう》の丘《おか》に銅像《どうぞう》まで建《た》てられていたわけだ。沖田《おきた》艦長《かんちょう》も「え？ わしはまだ生《い》きてるのに……」とさぞ困惑《こんわく》したに違《ちが》いない。う～む。これは名《めい》作《さく》に隠《かく》された、驚《おどろ》きのエピソードであった。

とっても気《き》になるマンガの疑問《ぎもん》

『となりの関《せき》くん』の関《せき》くんは、授業中《じゅぎょうちゅう》の遊《あそ》びにお金《かね》をいくら使《つか》ってるのでしょう？

アニメにもなった『となりの関《せき》くん』は、中学生《ちゅうがくせい》と思《おも》われる関《せき》くんが授業中《じゅぎょうちゅう》にコソコソ一人遊《ひとりあそ》びを楽《たの》しむ、ただそれだけのマンガである。ただそれだけのマンガなのだが、その遊《あそ》びは毎回《まいかい》すごく凝《こ》っていて、筆者《ひっしゃ》はいつも感心《かんしん》させられてしまう。

面白《おもしろ》いのは隣《となり》の席《せき》の女子《じょし》、横井《よこい》さん。関《せき》くんの遊《あそ》びが先生《せんせい》にバレないかハラハラしながら、いつしか関《せき》くんワールドに引《ひ》き込《こ》まれ、「そ、それは……」「ヤバいよ」「見《み》つかっちゃう!?」など、過剰《かじょう》なモノローグを連発《れんぱつ》しては、作品世界《さくひんせかい》に花《はな》を添《そ》える。で、先生《せんせい》に見《み》つかって叱《しか》られるのは、いつも横井《よこい》さんだ。

そんな横井《よこい》さんを横目《よこめ》に、関《せき》くんは黙々《もくもく》と遊《あそ》びに励《はげ》む。化石掘《かせきほ》り、茶道《さどう》、パラパラマンガ、ハンコ作《づく》り、玉入《たまい》れ、凧揚《たこあ》げ、マジックハンド。その創意工夫《そういくふう》っぷりは、もう職人《しょくにん》の域《いき》だ。と感嘆《かんたん》しながらも、筆者《ひっしゃ》は気《き》になって仕方《しかた》がない。これだけの遊《あそ》び道具《どうぐ》を揃《そろ》えるには、かなりのお金《かね》がかかるだろう。関《せき》くんは授業中《じゅぎょうちゅう》の一人遊《ひとりあそ》びにいくら使《つか》っているのだろうか。

◆使《つか》った消《け》しゴムは156個《こ》！

まずは一回《いっかい》の遊《あそ》びにかかる費用《ひよう》を調《しら》べてみよう。

『となりの関《せき》くん』の「第《だい》○話《わ》」は「○時間目《じかんめ》」で表《あらわ》される。「1時間目《じかんめ》」すなわち第《だい》1話《わ》で関《せき》くんが取《と》り組《く》んだのは、消《け》しゴムによるドミノ倒《たお》しだった。

机《つくえ》にびっしり並《なら》んだ消《け》しゴムを数《かぞ》えてみると、大《だい》が１１０個《こ》、小《しょう》が46個《こ》で計《けい》１５６個《こ》。近所《きんじょ》の１００円ショップで調《しら》べてみると、消《け》しゴムの大《だい》は４個入《こい》り、小《しょう》は６個入《こい》りで１０８円《えん》だった。

大《だい》１１０個《こ》、小《しょう》46個《こ》を揃《そろ》えるには大《だい》28袋《ふくろ》、小《しょう》８袋買《ふくろか》わねばならず、その合計金額《ごうけいきんがく》は３８８円《えん》！

また、関《せき》くんの並《なら》べたドミノ倒《たお》しにはシーソー、立体交差《りったいこうさ》、ロープウェイなどさまざまな仕掛《しか》けがあった。これらは定規《じょうぎ》や糸《いと》など家《いえ》にあるもので作《つく》ったとしても、最後《さいご》の大物《おおもの》だけは買《か》わなければならないだろう。それは高《たか》さ15㎝ほどの打《う》ち上《あ》げ花火《はなび》「五色竜《ごしきりゅう》」。ネットで同《おな》じくらいのサイズの花火《はなび》を調《しら》べてみると189円《えん》だった。花火《はなび》にはさすがに点火《てんか》しなかったが、関《せき》くんはこの1時間目《じかんめ》の遊《あそ》びだけで、最低《さいてい》4077円《えん》も使《つか》っている！

◆本格的《ほんかくてき》すぎると思《おも》う

2時間目《じかんめ》は将棋《しょうぎ》。といっても、王将《おうしょう》の駒《こま》はなぜか中空《ちゅうくう》のハリボテ。そんな将棋《しょうぎ》の駒《こま》はないだろうから、関《せき》くんのお手製《てせい》だろう。王将以外《おうしょういがい》の駒《こま》は質感《しつかん》から本物《ほんもの》っぽいので、同《おな》じような将棋《しょうぎ》セットを探《さが》すと、最《もっと》も安《やす》いもので1690円《えん》だった。

3時間目《じかんめ》は、机《つくえ》の傷《きず》の補修《ほしゅう》。なぜそんなことをやろうと思《おも》ったのか、全然《ぜんぜん》わからん。でも、木製《もくせい》の机《つくえ》を削《けず》ったり磨《みが》いたり、けっこう楽《たの》しそうだ。この「遊《あそ》び」に用意《ようい》したのは、速乾《そっかん》パテや研磨《けんま》ワックスなどの薬剤《やくざい》12種《しゅ》、金属製《きんぞくせい》スクレイパー（三角形《さんかくけい》のヘラ）など工具《こうぐ》4種《しゅ》、防塵《ぼうじん》マスクなど装備品《そうびひん》2種《しゅ》。ネットで調《しら》べると、まったく同《おな》じものはなかったが、薬剤《やくざい》は500～千円《せんえん》、工具《こうぐ》は500円前後《えんぜんご》、防塵《ぼうじん》マスクは5枚入《まいい》りで450円《えん》だった。総額《そうがく》は概算《がいさん》で9600円《えん》！

もちろん、お金《かね》のかからない遊《あそ》びもある。6時間目《じかんめ》は猫《ねこ》と遊《あそ》んでいたが、さすがに学校《がっこう》で遊《あそ》ぶためにわざわざペットショップで買《か》ったりはしないだろう。関《せき》くんにとても慣《な》れていたし、家《いえ》で飼《か》っている猫《ねこ》か、仲《なか》のいい野良猫《のらねこ》か。また、16時間目《じかんめ》の福笑《ふくわら》い、33時間目《じかんめ》の紙相撲《かみずもう》も、作《つく》る手間《てま》はかかるが、費用《ひよう》は紙代《かみだい》だけだ。

逆《ぎゃく》に、かなりお金《かね》のかかっている遊《あそ》びもある。45時間目《じかんめ》のクレーンゲームでは、机《つくえ》に小《ちい》さなぬいぐるみを１５０個《こ》ほど積《つ》み上《あ》げた。仮《かり》に1個《こ》１００円《えん》としても、１万《まん》５千円《せんえん》だ！

８時間目《じかんめ》のチェスでは、普通《ふつう》にゲームするのではなく、黒駒《くろこま》を集《あつ》めて1個《こ》の巨大《きょだい》な黒駒《くろこま》を作《つく》り、それで通常《つうじょう》の大《おお》きさの白駒《しろこま》を踏《ふ》みつぶしていた。マンガのコマを細《こま》かく観察《かんさつ》すると、巨大駒《きょだいこま》は１６６個《こ》の通常《つうじょう》の駒《こま》で構成《こうせい》されている。チェスの駒《こま》は1組《くみ》32個《こ》だが、関《せき》くんの巨大駒《きょだいこま》は黒駒《くろこま》だけでできているので、黒《くろ》の16個《こ》しか使《つか》えない。すると、１６６個《こ》を手《て》に入《い》れるのに、「１６６÷16＝10あまり６」で、チェス11セットが必要《ひつよう》だ。関《せき》くんの駒《こま》はけっこう高級《こうきゅう》そうに見《み》えたから、似《に》た感《かん》じのものを探《さが》してみると、1セット３２５０円《えん》。これが11セットで３万《まん》５７５０円《えん》！　高《たか》い！

さらに上《うえ》をいくのが42時間目《じかんめ》の砂金集《さきんあつ》め。水槽《すいそう》に砂金《さきん》を混《ま》ぜた砂《すな》と水《みず》を入《い》れ、お皿《さら》ですくってチャプチャプすすぐと、砂《すな》は流《なが》れ落《お》ちて、重《おも》い砂金《さきん》だけがお皿《さら》に残《のこ》る。そうやって集《あつ》めた砂金《さきん》を、縦《たて》２㎝、横《よこ》８㎜、厚《あつ》さ６㎜の棒状《ぼうじょう》に押《お》し固《かた》めていた。これが本物《ほんもの》の金《きん》だとすると、推定重量《すいていじゅうりょう》は９・２７g。この原稿《げんこう》を書《か》いている本日《ほんじつ》の相場《そうば》で４万《まん》３０３１円《えん》！

それさえも上回《うわまわ》るのが、30時間目《じかんめ》の眼鏡選《めがねえら》び。20本《ぽん》の眼鏡《めがね》を次々《つぎつぎ》に取《と》り出《だ》しては装着《そうちゃく》し、鏡《かがみ》で似合《にあ》うかどうかチェックするという、それだけの遊《あそ》び。だが、眼鏡《めがね》の値段《ねだん》を調《しら》べてみたところ、超特価《ちょうとっか》のもので1本《ぽん》3980円《えん》。すると20本《ぽん》で、最低《さいてい》でも7万《まん》9600円《えん》かかっている。授業中《じゅぎょうちゅう》の50分《ぷん》を遊《あそ》ぶためだけに、この出費《しゅっぴ》。もはや中学生《ちゅうがくせい》の遊《あそ》びのレベルを超《こ》えている！

◆親《おや》の職業《しょくぎょう》は何《なん》なのか？

以上《いじょう》をまとめると、関《せき》くんは一回《いっかい》の遊《あそ》びに平均《へいきん》3千円《ぜんえん》は使《つか》っていそうだ。中学生《ちゅうがくせい》の授業《じゅぎょう》は1日《にち》6時間《じかん》だから、1日《にち》の費用《ひよう》は1万《まん》8千円《せんえん》。年間授業日数《ねんかんじゅぎょうにっすう》は200日《にち》なので、ええっ、1年間《ねんかん》に360万円《まんえん》!?

これだけの大金《たいきん》を、関《せき》くんはどうやって手《て》に入《い》れているのだろう。ひょっとして、アルバイト？　いやいや、中学生《ちゅうがくせい》にアルバイトは禁止《きんし》されているはずだ。仮《かり》に彼《かれ》が高校生《こうこうせい》で時給《じきゅう》900円《えん》という割《わり》のいいバイトを見《み》つけたとしても、関《せき》くんは、授業一回分遊《じゅぎょういっかいぶんあそ》ぶのに3時間以上働《じかんいじょうはたら》かなければならない。1日《にち》6時間遊《じかんあそ》ぶために必要《ひつよう》なバイト時間《じかん》は18時間以上《じかんいじょう》。明日《あす》の遊《あそ》びのために準備《じゅんび》する時間《じかん》はおろか、そもそも学校《がっこう》に行《い》けない！

すると彼《かれ》が毎日遊《まいにちあそ》ぶお金《かね》は、親《おや》からもらうお小遣《こづか》いでまかなっていると考《かんが》えるのが自然《しぜん》だろう。

日本銀行《にっぽんぎんこう》の一組織《いちそしき》・金融広報中央委員会《きんゆうこうほうちゅうおういいんかい》によれば、2012年《ねん》の中学生《ちゅうがくせい》のお小遣《こづか》いは、平均月額《へいきんげつがく》2502円《えん》。年間《ねんかん》で3万《まん》24円《えん》だ。一方《いっぽう》、独立行政法人労働政策研究《どくりつぎょうせいほうじんろうどうせいさくけんきゅう》・研修機構《けんしゅうきこう》の調査《ちょうさ》によると、

関《せき》くんと同《おな》じ４人家族世帯《にんかぞくせたい》の年《ねん》間平均所得《かんへいきんしょとく》は６２６万円《まんえん》。単純《たんじゅん》に比較《ひかく》はできないものの、ひとつの家庭《かてい》の平均所得《へいきんしょとく》は、子《こ》ども一人《ひとり》のお小遣《こづか》いのおよそ２００倍《ばい》に相当《そうとう》すると考《かんが》えていいだろう。だとすると、関《せき》くんの家《いえ》の年間所得《ねんかんしょとく》は３６０万円《まんえん》×２００＝７億《おく》２千万円《せんまんえん》！

ひょ、ひょっとして関《せき》くんのお父《とう》さんは、メジャーリーガーか何《なに》かなのか？　両親《りょうしん》の職業《しょくぎょう》がとっても気《き》になる関《せき》くんである。

本書は『ジュニア空想科学読本③』（角川つばさ文庫／二〇一四年十一月刊行）を加筆・修正してかき下ろしを加え、単行本化したものです。

また、本書では、計算結果を必要に応じて四捨五入して表示しています。したがって、読者の皆さんが、本文に示された数値と方法で計算しても、まったく同じ結果にはならない場合があります。間違いではありませんので、ご了承ください。

『ジュニ空《くう》』読者《どくしゃ》のための

せひ読《よ》んでみて！ 空《くう》想《そう》科《か》学《がく》のおススメ本《ぼん》！

『ジュニア空想科学読本《くうそうかがくどくほん》』を書《か》くにあたって、僕《ぼく》はさまざまな資料《しりょう》を使《つか》っている。ＤＶＤやネットも活用《かつよう》しているけれど、たくさんの本《ほん》も読《よ》む。そして「やっぱり本《ほん》は面白《おもしろ》いなあ」と感《かん》じることが、とても多《おお》い。

ここでは、僕《ぼく》が『ジュニ空《くう》』を書《か》くために読《よ》んだ本《ほん》のなかから、読者《どくしゃ》の皆《みな》さんにも読《よ》んでもらいたいものを紹介《しょうかい》したい。どれも子《こ》ども向《む》けというわけではなく、少々難《しょうしょうむずか》しいものもあるけれど、機会《きかい》があったら、ぜひ目《め》を通《とお》してほしい。読《よ》み終《お》わったとき、世界《せかい》がちょっと変《か》わって見《み》えるかもしれない！

◆『キッズペディア　地球館《ちきゅうかん》　生命《せいめい》の星《ほし》のひみつ』

監修《かんしゅう》：神奈川県立《かながわけんりつ》　生命《せいめい》の星《ほし》・地球博物館《ちきゅうはくぶつかん》／小学館《しょうがくかん》

書名《しょめい》を見《み》ると「幼児向《ようじむ》け？」という感《かん》じだが、とんでもない。ずっしりと読《よ》みごたえがある。とくに第《だい》2章《しょう》「いのちの歴史《れきし》」がすごい。40億年前《おくねんまえ》に海《うみ》で生《う》まれた最初《さいしょ》の生命《せいめい》が、どうやって私《わたし》たち人間《にんげん》にまで進化《しんか》してきたかが、全体《ぜんたい》の半分《はんぶん》におよぶ１００ページにわたって、ていねいに説明《せつめい》されている。

24億年前《おくねんまえ》、シアノバクテリアと呼《よ》ばれる光合成《こうごうせい》をする細菌《さいきん》が生《う》まれ、大気《たいき》に酸素《さんそ》が増《ふ》えた。20億年前《おくねんまえ》、小《ちい》さな細菌《さいきん》が大《おお》きな細菌《さいきん》に潜《もぐ》り込《こ》んで、人間《にんげん》と同《おな》じ仕組《しく》みの細胞《さいぼう》を持《も》つ単細胞生物《たんさいぼうせいぶつ》になった。6億年前《おくねんまえ》、簡単《かんたん》な作《つく》りの多細胞生物《たさいぼうせいぶつ》が栄《さか》えた。5億年前《おくねんまえ》、目《め》と脳《のう》を持《も》つ生物《せいぶつ》が生《う》まれた。3億《おく》5千万年前《せんまんねんまえ》、哺乳類《ほにゅうるい》の祖先《そせん》が現《あらわ》れた……という段階《だんかい》を踏《ふ》んで、少《すこ》しずつ人間《にんげん》に近《ちか》づいていく。７００万年前《まんねんまえ》に最初《さいしょ》の人類《じんるい》になった後《あと》も、姿《すがた》を変《か》えていく。壮大《そうだい》なドラマを見《み》ているようで、僕《ぼく》は繰《く》り返《かえ》し読《よ》んでしまった。

誰《だれ》でも一度《いちど》は「人間《にんげん》って何《なん》だろう？」「どうやって生《う》まれたんだろう？」と考《かんが》えたことがあるのではないだろうか。それに対《たい》する一《ひと》つの答《こた》えがここにある。大人《おとな》にも勧《すす》めたい本《ほん》だ。

◆『おもしろい！　進化《しんか》のふしぎ　ざんねんないきもの事典《じてん》』

監修《かんしゅう》：今泉忠明《いまいずみただあき》
／絵《え》：下間文恵《しもまあやえ》・徳永明子《とくながあきこ》・かわむらふゆみ／高橋書店《たかはししょてん》

まさに書名《しょめい》どおり、文句《もんく》なしにおもしろい！

ワニは噛《か》む力《ちから》は強《つよ》いが、口《くち》を開《あ》ける力《ちから》はとても弱《よわ》い。その力《ちから》は30kgほどで「日本人《にほんじん》の平均的《へいきんてき》なおじいちゃんが片手《かたて》でおさえこめるほど、弱《よわ》い力《ちから》しか出《だ》せません」。そりゃあ、確《たし》かに残念《ざんねん》だ！

トガリネズミは体重《たいじゅう》が1・5gしかない。小《ちい》さな生《い》き物《もの》ほど体温《たいおん》が下《さ》がりやすく、カロリーを摂《と》り続《つづ》ける必要《ひつよう》があるので「3時間《じかん》食《た》べないだけでうえ死《じ》にする」。かわいそうで、残念《ざんねん》だ！

シマリスのふさふさした尻尾《しっぽ》は、木《き》の上《うえ》でバランスを取《と》ったり、体《からだ》を温《あたた》めたりするのに役立《やくだ》っている。また、敵《てき》に襲《おそ》われるとトカゲのように尻尾《しっぽ》を切《き》って逃《に》げることもできる。ただし、再生《さいせい》しないため、ペットにしたとき「はしゃいでしっぽを持《も》つと地獄絵図《じごくえず》が広《ひろ》がる」。わーっ、それ

は気《き》をつけないと、モノスゴク残念《ざんねん》なことに！

生《い》き物《もの》は、進化《しんか》によってそれぞれ独自《どくじ》の能力《のうりょく》を身《み》につけたが、その代《か》わりに「ざんねん」な性《せい》質《しつ》を抱《かか》えることにもなった。この本《ほん》には出《で》ていないが、人間《にんげん》も、直立歩行《ちょくりつほこう》のおかげで脳《のう》が発達《はったつ》した代《か》わりに、肩《かた》こり、腰痛《ようつう》、虫垂炎《ちゅうすいえん》に悩《なや》まされている。そんな進化《しんか》の真実《しんじつ》が、ユーモアたっぷりに伝《つた》わってくる。この本《ほん》、僕《ぼく》が子《こ》どもの頃《ころ》に読《よ》みたかったなあ！

◆『天才科学者《てんさいかがくしゃ》のひらめき36——世界《せかい》を変《か》えた大発見物語《だいはっけんものがたり》』

著《ちょ》：リチャード・ゴーガン／訳《やく》：北川玲《きたがわれい》／創元社《そうげんしゃ》

ニュートンは、リンゴが落《お》ちるのを見《み》て万有引力《ばんゆういんりょく》の法則《ほうそく》を発見《はっけん》した。そのような「発見《はっけん》のエピソード」を、36人《にん》の科学者《かがくしゃ》について紹介《しょうかい》した本《ほん》である。

同《おな》じような内容《ないよう》の本《ほん》はよくあるし、この本《ほん》は文章《ぶんしょう》も少《すこ》し難《むずか》しい。それでも筆者《ひっしゃ》が紹介《しょうかい》したいのは、写真《しゃしん》や絵《え》がふんだんに載《の》っているからだ。

ニュートンの項《こう》では、万有引力《ばんゆういんりょく》の研究《けんきゅう》をした生家《せいか》の絵《え》、太陽系《たいようけい》の模型《もけい》である「太陽系儀《たいようけいぎ》」の絵《え》

などが載《の》っている。また、ニュートンは光《ひかり》についても研究《けんきゅう》したが、その様子《ようす》の想像図《そうぞうず》もある。X線《せん》を発見《はっけん》したレントゲンの項《こう》では、そのきっかけになった放電管《ほうでんかん》という装置《そうち》の絵《え》が収録《しゅうろく》されている。レントゲンは、この放電管《ほうでんかん》で別《べつ》の実験《じっけん》をしているうちに、偶然《ぐうぜん》にX線《せん》を発見《はっけん》したのだ。

このように、絵《え》や写真《しゃしん》があると、発見当時《はっけんとうじ》の様子《ようす》が、現実味《げんじつみ》をもって伝《つた》わってくる。レントゲンの放電管《ほうでんかん》の絵《え》など、僕《ぼく》も見《み》るのは初《はじ》めてで、「そうか、これで発見《はっけん》したのか！」と興奮《こうふん》した。

科学《かがく》の発見《はっけん》には「準備《じゅんび》」と「チャンス」と「欲求《よっきゅう》」が必要《ひつよう》だというのが、著者《ちょしゃ》のゴーガンの主《しゅ》張《ちょう》だ。それはスポーツや、勉強《べんきょう》や、他《た》の仕事《しごと》でも同《おな》じだろう。読《よ》み終《お》えて、よくわかった。

◆『中谷宇吉郎《なかやうきちろう》　雪《ゆき》を作《つく》る話《はなし》』

著《ちょ》：中谷宇吉郎《なかやうきちろう》／平凡社《へいぼんしゃ》STANDARD BOOKS

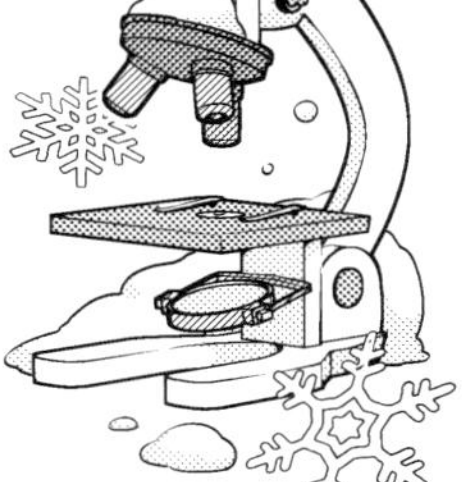

中谷宇吉郎博士《なかやうきちろうはかせ》は、1930年代《ねんだい》から活躍《かつやく》した雪氷物理学者《せっぴょうぶつりがくしゃ》だ。世界《せかい》で初《はじ》めて雪《ゆき》の結晶《けっしょう》を人工《じんこう》的《てき》に作《つく》り、温度《おんど》と湿度《しつど》が結晶《けっしょう》の形《かたち》にどんな影響《えいきょう》を与《あた》えるかを解明《かいめい》した。逆《ぎゃく》に結晶《けっしょう》の形《かたち》を見《み》れば、上空《じょうくう》の気象《きしょう》が推測《すいそく》できるところから「雪《ゆき》は天《てん》から送《おく》られた手紙《てがみ》である」という言葉《ことば》を遺《のこ》した。

もう一つ《ひと》の業績《ぎょうせき》は、一般《いっぱん》の人《ひと》に科学《かがく》をわかりやすく伝《つた》える随筆《ずいひつ》をたくさん書《か》いたこと。この本《ほん》も、雪《ゆき》はもちろん、火山《かざん》の噴火《ふんか》、線香花火《せんこうはなび》、ヒマラヤの雪男《ゆきおとこ》など、話題《わだい》は豊富《ほうふ》だ。

筆者《ひっしゃ》が最《もっと》も心惹《こころひ》かれたのは『雪《ゆき》の話《はなし》』。雪《ゆき》の結晶《けっしょう》の写真《しゃしん》を撮《と》るには、顕微鏡《けんびきょう》をよく冷《ひ》やしておかなければならないという。言《い》われてみれば当《あ》たり前《まえ》だが、経験《けいけん》のない人《ひと》には新鮮《しんせん》な真実《しんじつ》だ。

また、顕微鏡《けんびきょう》を使《つか》うには、水平《すいへい》で硬《かた》い平《たい》らな台《だい》が必要《ひつよう》だが、屋外《おくがい》にどうやって用意《ようい》すると思《おも》います？「有《あ》り合《あ》わせの木箱《きばこ》を適当《てきとう》な所《ところ》に据《す》えて、周囲《しゅうい》に雪《ゆき》を積《つ》んで水《みず》を一杯《いっぱい》掛《か》けておくと、十分《じっぷん》も待《ま》てばコンクリートの台位《だいくらい》の固定《こてい》した台《だい》が出来《でき》る」。なるほど、水面《すいめん》は必《かなら》ず水平《すいへい》になるからね！

当時《とうじ》の科学者《かがくしゃ》たちの仕事《しごと》ぶりが、ありありと伝《つた》わってくる。中谷博士《なかやはかせ》の息《いき》づかいまで聞《き》こえてくるようだ。こんな文章《ぶんしょう》を読《よ》んでいると、あっという間《ま》に時間《じかん》が経《た》ってしまうなあ。

◆『理科年表《りかねんぴょう》』

編《へん》：国立天文台《こくりつてんもんだい》／丸善出版《まるぜんしゅっぱん》

科学《かがく》に関《かん》するさまざまなデータが載《の》っている本《ほん》で、毎年新版《まいとししんぱん》が出《で》る。僕《ぼく》が空想《くうそう》の世界《せかい》を科学《かがく》す

る生活《せいかつ》を20年《ねん》も送《おく》ってこられたのは、この本《ほん》のおかげだ。

2000年代《ねんだい》の初《はじ》めには『理科年表《りかねんぴょう》ジュニア』も刊行《かんこう》されていたが、近年《きんねん》は出《で》ていないのが残念《ざんねん》。ぜひ復活《ふっかつ》させていただきたい。

でも、大人《おとな》向《む》けの『理科年表《りかねんぴょう》』にも楽《たの》しみ方《かた》はある。科学《かがく》の知識《ちしき》がないと意味《いみ》のわからないデータもたくさん載《の》っているが、そこは飛《と》ばして、今《いま》の段階《だんかい》でわかるところを探《さが》してみよう。

たとえば、「世界《せかい》の気温《きおん》の月別平均値《つきべつへいきんち》」。最《もっと》も寒《さむ》いのは南極《なんきょく》のボストーク基地《きち》で、真冬《まふゆ》の8月《がつ》はマイナス68・5℃。寒《さむ》い！　アフリカのキガリは、いちばん寒《さむ》い11月《がつ》が19・8℃で、いちばん暑《あつ》い8月《がつ》が21・7℃。メチャクチャ過《す》ごしやすい！

そして「脊椎動物《せきついどうぶつ》の寿命《じゅみょう》」。記録《きろく》された最長寿命《さいちょうじゅみょう》は、アフリカゾウが80年《ねん》、コンドルが65年以《ねんい》上《じょう》、ウナギが88年《ねん》、チョウザメが152年《ねん》！　人間《にんげん》がリレーしながら記録《きろく》したのだろうなあ。

などとおもしろがっているうちに、学校《がっこう》の勉強《べんきょう》が進《すす》み、意味《いみ》のわかるデータが少《すこ》しずつ増《ふ》えていく。それを楽《たの》しみながら、科学《かがく》の世界《せかい》に入《はい》ってくれる人《ひと》が一人《ひとり》でも増《ふ》えたら、本当《ほんとう》に嬉《うれ》しい。

すごく難解《なんかい》に感《かん》じられると思《おも》うけど、この本《ほん》を机《つくえ》に置《お》いておいて、決《けっ》して損《そん》はない。

大人気！
ジュニア空想科学
マンガやアニメを
科学的に検証する
「日本一笑える
理科の本」！
角川つばさ文庫で
好評発売中！

柳田理科雄《やなぎたりかお》／著
1961年鹿児島県種子島生まれ。東京大学中退。学習塾の講師を経て、96年『空想科学読本』を上梓。99年、空想科学研究所を設立し、マンガやアニメや特撮などの世界を科学的に研究する試みを続けている。明治大学理工学部非常勤講師も務める。

藤嶋《ふじしま》マル／絵
1983年秋田県生まれ。イラストレーター、マンガ家として活躍中。

永地《えいち》／絵
(『ジュニ空』読者のための「ぜひ読んでみて！　空想科学のおススメ本！」)
イラストレーター、マンガ家として活躍中。作画を担当したマンガ作品に『Yの箱舟』などがある。

愛蔵版《あいぞうばん》
ジュニア空想科学読本《くうそうかがくどくほん》③
著《ちょ》　柳田理科雄《やなぎたりかお》
絵《え》　藤嶋《ふじしま》マル

2017年 2 月　初版1刷発行
2022年 4 月　初版4刷発行

発行者　小安宏幸
発　行　株式会社汐文社
〒102-0071　東京都千代田区富士見 1-6-1
富士見ビル1F
TEL03-6862-5200 FAX03-6862-5202
印　刷　大日本印刷株式会社
製　本　大日本印刷株式会社
装　丁　ムシカゴグラフィクス

ISBN978-4-8113-2348-0　C8340　　N.D.C.400